图解儿童行为心理学

教养，从读懂孩子行为开始

【日】田中康雄　主编

连雪雅　译

中国农业出版社

农村读物出版社

北 京

图书在版编目（CIP）数据

教养，从读懂孩子行为开始：图解儿童行为心理学/（日）田中康雄主编；连雪雅译. —北京：中国农业出版社，2023.9

ISBN 978-7-109-30913-5

Ⅰ.①教… Ⅱ.①田…②连… Ⅲ.①儿童心理学-图解 Ⅳ.①B844.1-64

中国国家版本馆CIP数据核字(2023)第134237号

Original Japanese title: ILLUST ZUKAI HATTATSUSHOGAI NO KODOMO NO KOKORO TO KOUDOU GA
WAKARU HON
Copyright ©2014 Hitsuji Company
Original Japanese edition published by Seito-sha Co., Ltd.
Simplified Chinese translation rights arranged with Seito-sha Co., Ltd.
through The English Agency (Japan) Ltd. and Shanghai To-Asia Culture Co., Ltd.
著作权合同登记号：图字01-2022-5278
本书译文经北京时代墨客文化传媒有限公司代理，由采实文化事业股份有限公司授权使用。

中国农业出版社出版
地址：北京市朝阳区麦子店街18号楼
邮编：100125
策划：宁雪莲
特约编辑：刘　萍
责任编辑：全　聪　　文字编辑：屈　娟
责任校对：吴丽婷　　责任印制：王　宏
印刷：北京缤索印刷有限公司
版次：2023年9月第1版
印次：2023年9月北京第1次印刷
发行：新华书店北京发行所
开本：720mm×1000mm　1/16
印张：14
字数：220千字
定价：69.80元

本书秉持着"简单易懂且兼具观点全面"的原则来说明儿童及青少年行为的特性，几经修正才最终完成。

20年前，教育家、教师、家长甚至医生，仍然相信每个孩子都有自己的成长节奏。而今天，如果孩子没有完全"正常"发展，就要承受来自各方面的巨大压力。父母应该做的不是惴惴不安、心神不宁，而是要找出对孩子成长真正重要的因素。

"发育迟缓""多动症""语言障碍"……今天的儿童很容易被贴上"显眼"的标签并接受治疗。实际上，这些是孩子在成长过程中，遭遇生活困难时的表现，也许说是"生活障碍"更加贴切。因此，比起治疗，孩子更需要的是"生活环境的调整与构想"或是"每日生活的持续协助"。所以，尽可能理解孩子的成长过程及特性很重要。

本书虽然部分细节需要更详细地加以说明，但目的是让读者能够初步了解儿童行为和心理的相关内容，掌握整体的概念。因此，若想了解更详细的内容，可以阅读更专业的书籍。儿童行为问题仍是尚待成熟的临床领域，目前主要使用的诊断基准是由美国精神医学学会制定的。

无论诊断名称是什么，每个孩子都有自己的想法，他们在这个世界上都是独一无二的存在。如果你想要了解孩子的内心与行为意义，或是想更接近孩子的心，衷心希望本书能给予你帮助。书中结合实际案例，以图文的形式呈现，为家长和教育工作者提供了相应的干预措施和教育方案。作为本书的作者，若读者看完本书后能因此给孩子和家庭带来帮助，我将倍感荣幸。

田中康雄

教养，
从读懂孩子行为开始

前言

1章 认识发展障碍

2章 当孩子出现令人在意的情况

教养，
从读懂孩子行为开始

认识"泛自闭症"

第4章 认识注意缺陷多动障碍

第5章 认识学习障碍

教养，从读懂孩子行为开始

6章 察觉与诊断后的疗育与照护

7章 家庭的陪伴与协助

目录

8章 幼儿园及小学的指导对策

教养，从读懂孩子行为开始

认识发展障碍

"鲜明的个性"是发展障碍的特性

发展障碍很难有明确的定义。如果孩子擅长或不擅长的事，抑或感受上的差异性过于明显（或是相当独特），便可视为发展障碍。

有发展障碍特性的孩子是怎样的?

活泼外向、怕生、冷静、胆小、急性子、我行我素……每个孩子在性格与行为上千差万别，即便是大人，性格与行为上也各有差异。这种性格或行为上的差异，一般称为"个性"，没有好坏之分。因为孩子的个性不同，家人及校方（托儿所、幼儿园、小学、初中的老师）必须理解每个孩子的个性，认真思考怎么让他们生活快乐无忧。

从"个性"的角度思考，具有发展障碍特性的孩子，个性鲜明。因此，理解孩子的性格或行为必须付出更多心力。

即使是鲜明的个性，也有令人无法理解的部分。我们对那些需要仔细观察或协助的孩子，因其个性上的特性而以医学观点分类时，会尽可能用简单易懂的"个性"来说明，于是有了"发展障碍"这个名词。

所以，发展障碍特性只是个性的延伸，并非特殊的存在（后文将有更详尽的说明）。逐一了解每个发展障碍特性，就会发现自己也有相同的特性。有些孩子具有的特性非常显著，或是拥有好几个特性，为了让他们生活快乐无忧，理解他们并给予适当的指导及协助是非常必要的。

发展障碍不是缺陷，只是感受力比较独特

对于有发展障碍特性的孩子，一般人总会去关注其他孩子做得到而他们做不到的事情。但他们和其他孩子一样，会做的事很多，表现也很出色。

例如，在有发展障碍特性的孩子当中，有些孩子记忆力极佳，能将所见所闻当作图像或照片记住；有些孩子擅长运用数字、音符思考；有些孩子甚至靠自学

各种类型的孩子

要理解个性鲜明的孩子，
必须付出更多的心力与协助。

方式学会使用计算机或弹钢琴。具有发展障碍特性的孩子，常会以特殊的方法认知事物。

　　他们不比别人差，只是在看、听、触摸或品尝等感觉上的感受方式或感受力比较独特，所以在擅长与不擅长的事情方面，他们与其他孩子有明显的差异。

孩子也觉得很苦恼

个性过于鲜明会令孩子感到"生活不便"。为了让别人更深入地理解自己，主动配合对方或妥协让步对他们来说很吃力。

孩子的特性是大脑发出的"正确"指令

大脑功能的失衡造就了孩子鲜明的个性，也就是"特性"。

不可以插队啦！

钻入

没耐心排队，其实是大脑发出的正确指令。

特性之一是"偏执"，它使孩子不易与他人产生共鸣，就算是父母也经常不知道该如何应对孩子的行为。此外，突然发怒打人、没耐心排队等行为常令人不解，让人产生"这孩子脾气很差""这孩子很任性"的误解。于是，特性变成了"症状"。

看似困扰别人的症状，其实是有发展障碍的孩子接收到大脑发出的"正确"指令所致。虽然这些症状让人感觉他们是"问题儿童"，但那只是"来自大脑正确指令的自然反应"，绝不是胡闹或故意找麻烦。基于特性的言行举止是孩子传达的讯息，他们并不任性，只是个性鲜明。

别人的理解能够淡化孩子的特性

即便有发展障碍特性，从小就在被理解的环境下成长的孩子，大部分也能以稳定的状态度过孩童时期，长大后进入社会工作，独立地生活，拥有充满希望的人生。也就是说，特性不会成为症状。然而，有些从小就不被理解或遭受误解，持续受到否定、责骂的孩子，会产生"我很糟糕"的强烈自卑感，在混乱的认知下长大，变成足不出户的人。这或许是特性不被理解造成的。

别人越表现出理解，孩子的发展障碍特性就会变得越不明显；反之，不被理

无法顺利地建立起人际关系

主动让对方理解自己的举动对孩子来说很吃力。

我也想加入

解或被强烈的误解，这些孩子只会更加突显特性。发展障碍的特性不会痊愈，也不会消失，但尽早对发展障碍特性有正确的理解，能减少孩子生活中的痛苦，帮助他们快乐成长。当然，要察觉出孩子的举动属于发展障碍特性的表现还是比较困难的事。

发展障碍也是人际关系的障碍

家庭、学校、社会都是我们与他人沟通的重要场所，尤其是在学校及社会，我们必须遵守共同的规则。

不过，有发展障碍特性的孩子，因为个性鲜明，有时会与周围的人难以相处。也就是说，他们不善于与人沟通，建立和谐的人际关系，就不易与他人建立互相了解的关系，因此有时会被孤立。虽然有些孩子觉得一个人比较自在，但在觉得"我一个人也没关系"的孩子中，有些孩子是因为无法融入群体，被迫独处，其实内心很孤单。人际关系中，能够互相体谅、包容的一方主动接近对方很重要。

普通的孩子与有发展障碍特性的孩子究竟有何差异？这是很难界定的事，而且就现状来说，诊断也不容易。

接纳事物的差异

看待孩子的眼光与接纳方式会反映在印象的差异上。

"普通"与"发展障碍"并无界线

普通的孩子有时也会表现出像有发展障碍的孩子那样的鲜明个性，有发展障碍特性的孩子也有普通孩子的部分。发展障碍的特性只是个性的延伸，绝非特别的存在。

泛自闭症、注意缺陷多动障碍、学习障碍和类似这些症状的大脑功能障碍所引发的特性，常见于低龄儿童，统称为"发展障碍"。但个性鲜明要达到怎样的程度才是发展障碍的状态，或是大脑功能遇到怎样的阻碍才能称作发展障碍，实在难以界定。

举例来说，好比地图上有"普通"与"发展障碍"两座小岛，两座小岛原为一体，只是为了方便区分才划分了界线。

重新思考"障碍"二字的意义

"发展障碍"因有"障碍"二字，令不少家长听到就会觉得心情沉重。然而，定义"发展障碍"并不是给孩子贴标签，而是"特性的共有"，目的是减轻孩子的痛苦，给予孩子协助。

当孩子付出努力却未见成果时，原因不是孩子不够努力，而是特性所致。除了孩子，别人也要察觉到这一点，这很重要。想想如何做才能让孩子发挥能力并获得效果、减轻痛苦，最好能提供良好的环境或顺畅的协助机制。

"发展障碍"这个名词，
是结合孩子与支援的方法之一。

A&Q

Q 为何会出现鲜明的个性？

A 这有可能是由与生俱来的大脑功能失衡导致，进而造成认知、运动、行为、学习、社会互动等方面的能力产生偏差。不过，大脑功能为何会失衡，为何无法顺利运作，目前尚未得知。

发展障碍的特性有时会重叠

发展障碍的种类很多，如泛自闭症、注意缺陷多动障碍、学习障碍等，特性重叠的部分也不少。

各种障碍其实有所关联

泛自闭症、注意缺陷多动障碍、学习障碍等发展障碍有连续性，特性重叠的部分也很多，有时医师诊断时会犹豫，不同的医师可能给出不同的诊断结果。例如，在某医院被诊断为学习障碍的孩子，

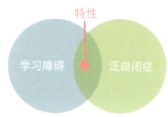

特性

学习障碍　泛自闭症

以不同的观点解析相同特性，有时会出现不同的诊断结果。

在别家医院却被诊断为泛自闭症，不知道哪个诊断结果才正确的父母会因此感到烦恼。不过，很可能是这个孩子的特性结合了两种障碍，或是从不同障碍的观点引导出相同的特性。因此，区别并诊断出孩子属于哪种障碍真的很不容易。

"谱系障碍"的概念

泛自闭症的谱系（spectrum）有"连续性"之意。

谱系障碍的概念由英国的精神科医师罗娜·温恩（Lorna Wing）提出，其认为就算都是有自闭症特性的孩子，呈现方式也有差异。后来，谱系障碍的概念扩展为泛自闭症、注意缺陷多动障碍、学习障碍等多种发展障碍，并非个别存在，而是有连续性的"发展障碍谱系障碍"。

举个比较好想象的例子，比如我们将谱系障碍看作是世界地图。名为"发展障碍"的陆地被划分了国界，各地的气候不同，语言也有所差异，但在世界地图上，终究是一块相连的陆地。国界、国名只是为了方便辨认，就像发展障碍是用来当作诊断基准的依据，并无明确的界线。谱系障碍的概念能够帮助我们跳出"障碍"的框架。根据这个观点，我们能仔细观察孩子显现出的特性，给予细心的关照与协助。

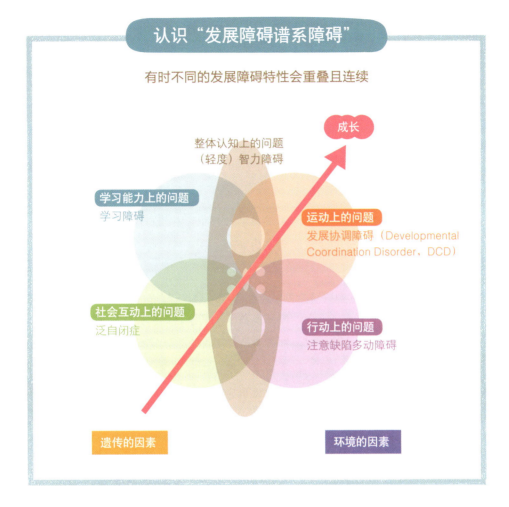

认识"发展障碍谱系障碍"

有时不同的发展障碍特性会重叠且连续

成长

整体认知上的问题
（轻度）智力障碍

学习能力上的问题
学习障碍

运动上的问题
发展协调障碍（Developmental
Coordination Disorder，DCD）

社会互动上的问题
泛自闭症

行动上的问题
注意缺陷多动障碍

遗传的因素

环境的因素

有发展障碍的孩子逐渐增加？

　　近年来，发展障碍一词越来越常见。与其说是有发展障碍的孩子增加，不如说整个社会开始关注发展障碍，被诊断出有发展障碍的孩子变多了。

　　另外，我们现在所处的环境也比过去复杂许多。大人要面临严峻的生活，即便是小孩也被迫追求效率或完美。

　　因此，过去个性没有问题的孩子现在会感到痛苦，我们必须给予孩子适度的关怀与协助。

有发展障碍并非缺乏管教或有心理疾病

有发展障碍有时会被误解为是孩子在耍性子，或是缺乏父母管教，但许多人已经知道这是大脑的功能障碍所致。

孩子不是耍性子，也不是缺乏管教

发展障碍分为在社会互动、沟通或想象力方面有困难的泛自闭症，静不下来（多动）、不专心、冲动的注意缺陷多动障碍，以及在读写或计算等学习方面有明显落差的学习障碍等。

近年来，随着对于发展障碍研究的进步，越来越多的人知道在医学上这是与生俱来的大脑功能障碍，社会大众的理解使孩子及其家属渐渐免于被误解的痛苦。

以前，发展障碍尤其是难以压抑自身情绪去配合周围环境的注意缺陷多动障碍的特性，很像孩子才有的行为，不易察觉是天生的障碍，因此有这类发展障碍的孩子常被误解成"任性的孩子"。父母也会以为是自己管教不足，或是对孩子的关爱方式有问题，感到自责。

自闭症（泛自闭症）的"自闭"二字也用于思觉失调症（Schizophrenia）[①]，这造成许多人误会自闭症是一种自我封闭的"心理疾病"。

孩子需要父母的称赞

在有发展障碍特性的孩子当中，有些被误解成任性或缺乏管教，经常被警告、责骂。尽管斥责是出于"希望孩子变好"的善意或期望，结果反而是在否定孩子，伤害了孩子的自尊心。

出现拒绝上学或足不出户、行为不良、忧郁等状况的孩子，因为受到误解被伤了自尊，引发"并发性障碍"的例子不在少数。

教养，从读懂孩子行为开始

无论时代如何变迁，孩子总是需要赞扬，被称赞会让他们获得更大的自信。即使孩子因为特性作出令别人困扰的举动，也请理解他们其实也是不知所措。要耐心地教导孩子正确的行为，当孩子做到时，请好好称赞他。

各年龄层出现的发展障碍征兆

有发展障碍特性的宝宝，出生后就像普通的宝宝一样。
随着年龄增长，出现的迹象或征兆会发生变化。

容易察觉的年龄

怎么哄也不会笑、难以入睡、偏食等举动，有时让父母伤透脑筋。

3岁左右

社会互动、沟通或想象力有困难。

可能有泛自闭症。

7岁左右

静不下来（多动）、不专心、冲动（自制力弱）。

可能有注意缺陷多动障碍。

入学后

在读写或计算等学习方面有明显的落差。

可能有学习障碍。

大脑失衡，让孩子的五感认知缓慢

造成发展障碍的原因目前尚未明确。可能是由控制大脑多种功能的网络出现某种功能障碍所致。

大脑接收的信息无法顺利传达

发展障碍在孩子的成长过程中会随着大脑功能的失衡持续发展，因此孩子在认知、运动、行动、学习、社会互动等方面的能力会产生偏差。至于大脑功能失衡的原因，目前仅有假设，尚待明确。

假设之一是"感觉的网络功能不全"。当我们认知事物或状况时，会运用"视觉""听觉""味觉""嗅觉""触觉"等各种感觉，例如，眼睛（视觉）看到"苹果"二字，这种认知通过神经传入大脑，从而了解那是"苹果"。然而，有发展障碍特性的孩子，尽管视力不差，能够看到"苹果"二字，但这种认知在通过神经传入大脑的过程中，会发生某种功能障碍，因而无法了解那是"苹果"。这在学校也被当成学习障碍的特性之一——无法分辨教科书上的字。

还有，听觉上无法听懂或听错语意，因味觉和嗅觉原因出现偏食，触觉上讨厌与人接触、只能接受某些特定材质的衣服等。

大脑的"指挥塔"前额叶皮质作用不佳

大脑分为4个脑叶，位于脑前半部的称为额叶，其中有前额叶皮质。前额叶皮质相当于足球场上的指挥塔、管弦乐团的指挥，控制着大脑的多种功能。

前额叶皮质运用感觉系统[①]得到的信息，认知事物或当下所处的状况，从过去的庞大记忆中抽取需要的部分。有发展障碍特性的孩子当中，有些不懂如何安排优先级，无法同时进行多件事，这是因为前额叶皮质的作用衰弱。

---

① 编者注：神经系统中处理感觉信息的部分，包括感受器、神经通路以及大脑中与感觉、知觉有关的部分。

举例来说，老师上课时，大部分的孩子都会专心听老师说话。可是有些有发展障碍的孩子，看到窗边有小鸟飞过，比起听老师说话，他们会先看小鸟。

这可能是暂存信息的"工作记忆（working memory）"，也就是短期记忆（short-term memory）的作用衰弱所致。虽然这些孩子起初接收到"听老师说话"的指令，但这个指令没有持续，造成优先级的混乱。这是注意缺陷多动障碍的特性，成为孩子静不下来（多动）或冲动（自制力弱）的假设之一。

有时会对复杂的事感到棘手

有些孩子能够原地跳跃，但遇到跳箱却没办法跳过去。跳跳箱的时候，先跑到跳箱跟前，然后张开脚跳跃，其实这是很复杂的动作。有发展障碍特性的孩子当中，有些无法作出这样的动作，这是因为脑内网络的作用出现某种障碍。这也是假设之一。

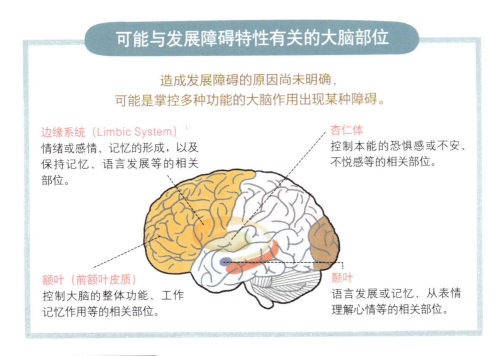

可能与发展障碍特性有关的大脑部位

造成发展障碍的原因尚未明确，
可能是掌控多种功能的大脑作用出现某种障碍。

边缘系统（Limbic System）[①]
情绪或感情、记忆的形成，以及保持记忆、语言发展等的相关部位。

杏仁体
控制本能的恐惧感或不安、不悦感等的相关部位。

额叶（前额叶皮质）
控制大脑的整体功能、工作记忆作用等的相关部位。

颞叶
语言发展或记忆、从表情理解心情等的相关部位。

---

① 编者注：包含海马体（大脑的重要部分，负责关于短期、长期记忆以及空间定位的作用）、杏仁体在内，有多种功能（例如情绪、行为及短期记忆）的大脑结构。

发展障碍特性的显现方式大不同

说到发展障碍的特性，即便名称相同，呈现出的特性也未必相同。有些人积累了许多社会经验后，懂得妥协和让步，于是特性变得不明显。

就算是相同的障碍，特性的呈现方式仍有差异

一种发展障碍的特性会与其他发展障碍的特性重叠，也会和普通孩子的个性重叠、连续。因此，就算是相同名称的障碍，特性的呈现方式仍有差异，强度也是因人而异。

例如，泛自闭症的有以下几个特性：①与他人互动时，对于作出适合当下情形的举动或服从自然形成的规则会感到吃力；②不善于沟通；③不易发挥想象力，固执己见。

不过，就算都是泛自闭症，特性程度显著的孩子不会说话，被叫到名字也没有反应；程度较轻的孩子会注视对方，也会主动说话，积极与人互动。

借由"疗育"等方式，让特性变得不明显

发展障碍的特性有时会随着年龄增长变得不明显。但是，这不是因为长大才痊愈或消失，而是借由"疗育"等方式，积累许多社会经验后达到的。不少有问题的症状趋于平缓，使特性变得不明显。

"疗育"之一的结构化教学法（TEACCH）能够让孩子因当下情形作出适当的言行，可以说是学习生活与社会规则的"生活课程"。虽然泛自闭症的基本特性不会痊愈或消失，学会生活与社会规则，积累社会经验后，面对各种场合能够言行得当，特性变得不明显的人并不少见。

例如，听到对方说"早安"，自己也要主动回答"早安"，记住这样的规则，孩子就懂得向人打招呼。再如照着食谱学做菜，学会之后就能自己做饭。某个被诊断为泛自闭症的孩子说，他每次都遵照食谱的步骤做菜，做出来的饭菜很美味，家人吃得很开心。

别去想如何治好发展障碍。理解孩子的特性，仔细观察孩子有何烦恼，帮助他们简单记住生活与社会的规则，就会成为他们适应社会的能力，并能减轻他们生活中的痛苦。

疗育与协助的重要性

学习障碍

智力发展没有迟缓，孩子本身也很努力，但在读、写、计算等学习上感到困难。

注意缺陷多动障碍

丢三落四、静不下来、难以专注等特性，带来生活上的问题。

完全看不懂……

泛自闭症

社会互动有困难、容易恐慌等，不知道如何进入安心的环境。虽然智力方面并无发展迟缓的状况，但相当固执，有时不懂得妥协和让步。

----- **正处于自己很烦恼、周围的人也感到困扰的状态** -----

通过疗育等方式学会规则

培养适应社会的能力

无法适应学校生活的孩子

有的孩子尽管智力发展并没有迟缓，但在学习或行动方面有困难、需要特别协助，普通班级大概会有2~3个这样的孩子。

学习或行动上有困难孩子的比例为6.5%

2012年，日本教育部以公立小学及初中的教师为对象进行了调查。结果指出，没有智力发展迟缓的问题，但在学习或行动上有显著困难、需要特别关照及协助的孩子的比例，普通班级约为6.5%。

6.5%这个数字，换算成人数，一个班有2～3人。不过，这只是预估数字，如果把有困难倾向的孩子包含在内，也许是10%以上。

此外，根据日本教育部2013年的调查，就读公立初中、小学"资源班"的孩子在2010年约6万人，到了2013年上升至7.7万人左右，出现了上涨的倾向。

这6.5%的孩子不一定有发展障碍

学习上的困难常被误解成在"听""说""读""写""计算""推论"中，至少有一项出现明显棘手的学习障碍倾向。

行动上的困难也有两种误解：一种是"不专心"或"多动、冲动（自制力弱）"情况显著的注意缺陷多动障碍倾向；另一种是在人际关系方面，不善于建立人际关系，不懂得沟通或理解对方心情的泛自闭症倾向。

调查内容中的"在学习或行动上有显著困难"，乍看上去等同发展障碍的特性。但这并不是根据发展障碍专家小组的判断或医师的诊断对有发展障碍特性的孩子进行的调查，只是通过教师的观察，了解因为个性鲜明而在学校生活中有困难的孩子有多少。

6.5%这个数字不代表有发展障碍特性孩子的多少，希望不要被曲解。重要的是，无论有没有发展障碍的特性，学校里很多孩子需要被关怀与协助。

学习或行动上有困难的孩子比例

在学习或行动方面有显著困难的孩子，一个班有2～3人。

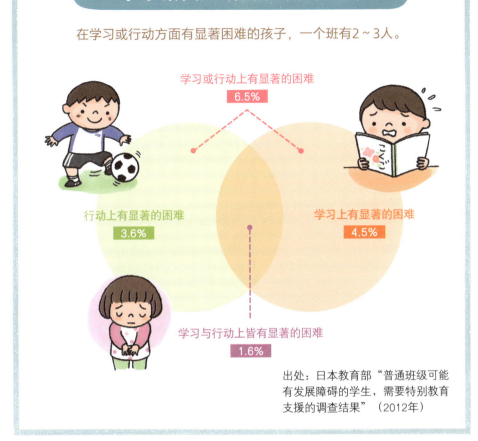

学习或行动上有显著的困难
6.5%

行动上有显著的困难
3.6%

学习上有显著的困难
4.5%

学习与行动上皆有显著的困难
1.6%

出处：日本教育部"普通班级可能
有发展障碍的学生，需要特别教育
支援的调查结果"（2012年）

Q 何谓资源班？

A 资源班是指平时在普通班上课，每周约
1～2小时在别的教室（称为资源班）接受
符合其特性的个别指导。只在普通班上课，
孩子无法充分发挥能力，于是配合其特性进
行指导。若就读的学校没有设立资源班，可在
特定时段至其他学校接受指导。

长大后才发现有障碍，生活易出现问题

　　从小就被注意到有发展障碍的特性并受到协助的人当中，有些人知道了自己不擅长的部分后，积极发展自己的专长，后来在研究或艺术领域展示了才能。

　　但是，有发展障碍特性的人，有些没有智力发展迟缓的状况，自身或别人也没察觉到他的障碍，长大步入社会后，面临各种问题才发现自己有发展障碍的特性。

　　来医院求诊的人当中，有些成了上班族，在职场上不知道为什么惹恼别人，总是忘记重要的约定，或是在人际关系和工作中碰壁；有些结婚进入家庭，在做家务、带孩子的过程中发现自己不会打理家务，对闹脾气的孩子动怒，为此感到苦恼。

　　了解自己的特性后，有些人积极走入社会，与人互动；但有些人觉得自尊心大受打击，因此过起了足不出户的生活。

　　为了避免长大后感到困惑、无助，同时也让自己从事符合自己特性的职业、调整好生活环境，有发展障碍特性的人尽早得到周围人的理解与协助非常重要。

■长大后才知道自己有发展障碍的经过

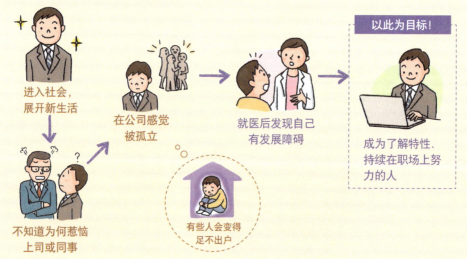

进入社会，展开新生活

在公司感觉被孤立

就医后发现自己有发展障碍

以此为目标！

成为了解特性、持续在职场上努力的人

不知道为何惹恼上司或同事

有些人会变得足不出户

2 章

当孩子出现
令人在意的情况

独特的言行举止是孩子传达的讯息

孩子的感情或想法，有时会转化为言行举止表现出来。孩子的奇怪举动，很多都是拼了命努力的结果。

出现独特的言行举止

在有发展障碍特性的孩子中，有些会作出独特的举动，例如"不善于与人眼神接触""偏执"等。本章将介绍这些孩子的特征。最常接触孩子的父母，从每天的生活中或许能察觉到一些征兆。

"在发展障碍中，有泛自闭症特性的孩子会出现〇〇[1]的情况"，在此不使用此类标题。只以言行举止来区分障碍过于草率，了解有发展障碍特性的孩子会有怎样的征兆才是重点。

因此，本章不出现"泛自闭症""注意缺陷多动障碍""学习障碍"等名称，但会介绍该特性的相关内容，若想理解孩子的个性背景、应对方式，不妨参考看看。不过，如同第1章所述，泛自闭症、注意缺陷多动障碍、学习障碍等发展障碍的特性会重叠，相关内容仅供参考。

孩子的举动一定有其理由或意义

不光是有发展障碍的孩子，很多孩子通常不善于用言语表达自己的心情，看似"奇怪"的举动，其实多是他们为了摆脱现状拼命努力的结果。在那些令人在意的举动背后，一定都有其理由或意义。即使无法完全理解，就算只是推测（他那么做，会不会是因为这样？），也能进一步了解孩子的心情。

---

① 编者注："〇〇"指代某种具体情况。

察觉、假设、应对的步骤很重要

例如，有个上课不专心的孩子，试着想象他为什么会这样（当然，我们无法成为那孩子，这只是假设）：也许是因为教室里很吵，也许是教室外有令他感兴趣的事物。我们将这样的推测导向最有可能性的"假设"，依照假设作出"应对"，在这样的过程中反复摸索，出错也没关系。我们通过察觉、假设、应对的检验，找出最适当的应对措施。解读孩子举动的指标（请先接受大脑是内心所在的说法）时，"孩子的心理观点与大脑观点"这两种观点都很重要。

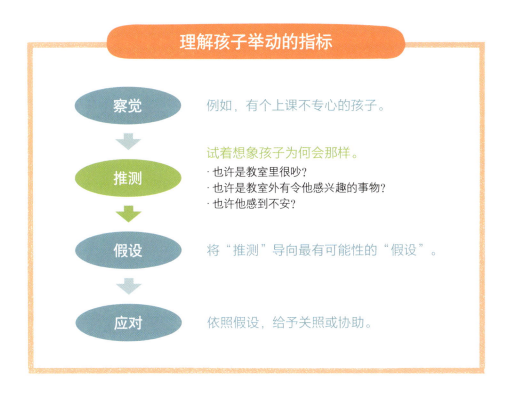

理解孩子举动的指标

察觉　　例如，有个上课不专心的孩子。

推测　　试着想象孩子为何会那样。
· 也许是教室里很吵？
· 也许是教室外有令他感兴趣的事物？
· 也许他感到不安？

假设　　将"推测"导向最有可能性的"假设"。

应对　　依照假设，给予关照或协助。

重要的观点

心理观点

美国儿童精神科医师利奥·肯纳（Leo Kanner）整理出5种孩子"行为上的问题"（这是思考孩子的举动也就是症状意义的观点。）

1 入场券症状

因为症状，引发他人对孩子的关心。症状会结合孩子与周围的人，症状本身并无重要意义。

2 信号症状

症状暗示了压迫身心的危险，是紧急性的暗号。

3 安全阀症状

症状的出现是为了保护自己，回避重大的自我危机或最糟的情况。

4 问题的解决手段症状

症状会导向解决孩子的问题，周围的人必须想出更好的应对措施。

5 困扰症状

症状会使孩子变成"头痛人物"，令别人生气、伤心。

大脑观点

这是将大脑功能视为计算机系统之一，找出"系统中何处无法正常运作"的观点

1 内外刺激的输入情况

声音或气味等对触觉、味觉、嗅觉、痛觉等感觉系统产生刺激后，孩子获得怎样的感受。

2 高级脑功能处理的情况

孩子如何判断 **1** 中提到的刺激：有无对照过去的经验，作出正确判断。

3 输出的情况

孩子通过 **1**、**2** 得到结论后，在声音、语言、书写、动作等方面的表现。

孩子的心情

不易对人产生兴趣或关心，缺乏反应。

相关内容
➡ P72 "无法顺利沟通"
➡ P84 "难以解读对方的情绪"

● 父母应在意的征兆　　**不哭/不笑**

　　宝宝想喝奶、尿布湿了、想要人抱时，会用哭的方式表达；被哄了会笑，开心时也会放声大笑；学会爬行后，总爱跟在朝夕相处的妈妈身后"黏紧紧"，看不到妈妈就会哭闹，吵着找妈妈：这些反应是宝宝为了拉近与妈妈等身边人的距离而有的"依附行为"。然而，在有发展障碍特性的孩子中，有些孩子没有这样的反应，他们会独自待在房间不哭不闹、不太爱活动，很多父母事后回想起来都会觉得"孩子小时候很乖"。

孩子的心情

有时对周围的
人、事物不易
产生兴趣。

小勇～

相关内容

➡P72"无法顺利沟通"

➡P148"对话时以简洁
的话语传达"

父母应在意的征兆

不看对方的眼睛
叫名字也没反应

　　有些有发展障碍特性的孩子不善于与人眼神接触。不过，在妈妈满怀关爱的养育下，通常妈妈会主动与孩子眼神接触，或是有东西想给孩子看的时候，使孩子处于被动接受的状态，因此不易察觉异状。

　　此外，宝宝听到别人不断叫自己的名字，就会记住那是他的名字，所以被叫了会转头或举手。但有些有发展障碍特性的孩子听见叫声却不会转身去看是谁在叫他，跟他说话也没什么反应，比如在玩心爱的玩具时，毫无反应的情况常令人误会那是"玩得太入迷，所以没听到"。这种也不易察觉异状。

孩子的心情

没有想说话的意愿，听不懂对方在说什么。

乱跑很危险哦！

乱跑很危险哦！

相关内容

➡ P72 "无法顺利沟通"

➡ P164 "孩子语言发展迟缓怎么办？"

父母应在意的征兆

口语表达迟缓
初语①不是牙牙学语

孩子因为想与周围的人沟通，所以会记住词语，并且主动开口说话。但部分有发展障碍特性的孩子对周围事物缺乏兴趣或关心、共鸣，不太会主动开口说话。这些孩子知道许多词语（单字），似乎理解对方的话却无法对话，或是自顾自地说起不符合当下情形的话；有时听不懂对方在说什么，例如妈妈说"乱跑很危险哦"，就会跟着重复说"乱跑很危险哦"，出现"仿说现象（echolalia）"；刚学说话时不是牙牙学语，而是突然说出某个名词，或是已经开始说话，在某段时期又变得沉默。

---

① 孩子开口说出有具体意义的词语。

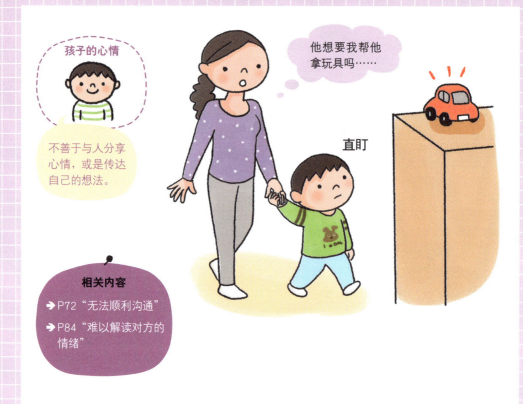

孩子的心情

不善于与人分享心情，或是传达自己的想法。

他想要我帮他拿玩具吗……

直盯

相关内容
- ➡ P72"无法顺利沟通"
- ➡ P84"难以解读对方的情绪"

- ➡ P72"无法顺利沟通"
- ➡ P84"难以解读对方的情绪"

父母应在意的征兆

看到别人的动作没有反应
不会表达自己的心情

　　就算是还不会说话的小孩，外出散步时如果看到蝴蝶或小鸟飞过眼前，也会用手指着蝴蝶或小鸟，要妈妈一起看。假如妈妈跟着看或告诉孩子"是蝴蝶呀"，孩子就会很开心。像这样分享兴趣或关注点的反应，称为"共同注意力（joint attention）"。但有发展障碍特性的孩子，对人缺乏关心，不太会关注别人的行为，所以不会有引起对方注意的反应。另外，想引起对方注意来传达自己的心情（比如想拿玩具）的时候，不是对妈妈说"帮我拿玩具"，而是抓着妈妈的手，走到放玩具的地方，盯着玩具不说话。

教养，从读懂孩子行为开始

孩子的心情

不是讨厌与人互动，而是感觉有偏差，会感到痛苦、难受。

相关内容

➡ P76 "各种感觉出现偏差"

➡ P120 "听或说有困难"

怕怕

嗨！

父母应在意的征兆 | **对声音或肌肤接触很敏感 讨厌牵手、拥抱**

　　有些有发展障碍特性的孩子对感觉非常敏感。别人不在意的声音，对他们却像是震耳欲聋的巨响，有时还会感到强烈的疼痛。而对于肌肤敏感的孩子来说，衣服的标签或缝线有时会让他们觉得刺痛或灼痛，只想穿触感好的衣服。此外，父母出于疼爱的拥抱，有时会让他们有种喘不过气来的强烈压迫感，就算只是轻轻牵手也会觉得痛，讨厌拥抱或牵手。疲惫、饥饿或感到压力时，感觉会比平常更敏感，也会有流血、头撞到地上也无所谓等感觉迟钝的一面。

相关内容

➡ P76 "各种感觉出现偏差"

➡ P162 "当孩子偏食或睡眠不好时"

父母应在意的征兆

严重偏食
对味道或气味很敏感

部分有发展障碍特性的孩子，他们的味觉或嗅觉非常敏感。

味觉敏感表现在普通的调味会让他们觉得味道很重，吃某些食物像是吃沙子或嚼橡胶，或是感觉很黏稠，因而排斥那些食物（有些大人也很讨厌那样的口感）。

嗅觉敏感表现为闻到学校厨房传出的气味就会不舒服。这类的反应因人而异，不同的孩子有不同的反应。乍一看会以为是孩子任性或是单纯的偏食，但那其实是由感觉的偏差引起，光靠责骂和警告并不能真正解决。如果每次用餐都对孩子说"不可以剩，要吃光光！"，像这样严厉地斥责孩子，他们会觉得吃东西并不是愉快的事。

孩子的心情

独自一人也不会害怕不安。

相关内容
➡ P72"无法顺利沟通"
➡ P178"与社区的人交流互动"

不要乱跑

父母应在意的征兆

随便离开父母身边 迷路了也不慌张

年纪比较小的孩子，会由着自己的兴趣行动。例如，在路上看到蝴蝶或猫时，他们会开心地追上去。可是，当他们发现妈妈或身旁的人不见了，就会害怕地哭出来、到处找人。但有些有发展障碍特性的孩子就算独处也不会哭。迷路了也不慌张，反而很安静，所以周围的人不会发现他迷路。加上他讨厌牵手，父母稍不留神，孩子就会走丢。而且当孩子学会自己开门后，有时会一时兴起，不作声地离开家。父母好不容易找到孩子的时候，孩子却是一副无所谓的样子。

孩子的心情

一个人的时候比较放松自在、安心、不会累。

相关内容

➡ P72 "无法顺利沟通"

➡ P202 "告诉孩子如何度过休息时间"

父母应在意的征兆

经常一个人玩 无法融入其他小朋友

尽管因人而异，孩子到了3岁时，就会和同龄的孩子玩游戏，从自己玩变成2~3个人一起玩。不过，部分有发展障碍特性的孩子，比较喜欢自己玩。他们对于需要临场反应或是与人沟通的游戏感到吃力，对朋友缺乏关心，不太想交朋友。此外，他们喜欢一直看被风吹动的窗帘、流动的水或是转动的物品等，有些孩子着迷于这种有规律的美感。举例来说，当孩子在玩玩具车的时候，比起滑动车子，他们只喜欢把车排成一列或是转动车轮；阅读绘本时，他们也是比较喜欢翻页这样的动作。

教养，从读懂孩子行为开始

孩子的心情

想亲近朋友却惹怒对方，和对方争吵。

相关内容

➜ P84 "难以解读对方的情绪"

➜ P210 "校内的问题要趁早解决"

父母应在意的征兆　交不到同龄的朋友
人际互动不佳

　　在有发展障碍特性的孩子当中，有些喜欢独处，有些则是想和朋友亲近却无法玩在一起。同龄的孩子一起玩，必须遵守规则、彼此忍让、考虑对方的心情。但有发展障碍特性的孩子不懂得察觉对方的心情，总以自己的心情为优先，所以有时会作出无视对方心情的行为。他们不善于表达自己的感情，有时会无缘无故傻笑或感到恐惧，令对方感到困惑；受挫的时候就会拒绝别人，难以在自己的心情与别人的感受之间妥协和让步。

孩子的心情

喜欢照自己的步调说话，不善于倾听。

因此，我认为那件事是不对的。

相关内容

➡ P84 "难以解读对方的情绪"

➡ P104 "无法静下来（多动）"

说话方式独特 一开口就停不下来

父母应在意的征兆

　　部分有发展障碍特性的孩子说话会用老成的口吻，或者不省略细节，叙述内容相当琐碎，有着独特的说话方式。他们看似表达流畅，和周围的人并无沟通上的困难，其实多半像是"自说自话"，自己说话没问题，却无法理解对方的话。对话时不知道对方是否觉得有趣，难以感受对方的反应，自顾自地说个不停，令对方感到困扰。而且自己说的话会变成一种刺激行为，进而不断扩大话题，一开口就停不下来。

教养，从读懂孩子行为开始

孩子的心情

擅长记忆、收集、遵守规则。

相关内容

➡ P74 "执着于特定的事物"

➡ P194 "帮助孩子发挥出色的能力"

父母应在意的征兆　**偏执或对特定事物很坚持**

有特定的兴趣并不一定是件不好的事，但一些有发展障碍特性的孩子似乎对事物或顺序等有着强烈的偏执。尤其喜欢记忆、排列或收集具有规则性的物品名称或数字等。例如，对公交车有兴趣的孩子会记住所有的公交车型号或站名。此外，他们记住"每天早上起床后要洗脸"之类的规则，或是"洗完脸要刷牙"这样的顺序也很擅长，一旦记住就会严格遵守。不过，他们因为不懂得变通，也会强烈要求周围的人遵守他们的规则。不允许出错的强硬态度，让他们容易与别人发生冲突。

孩子的心情

擅长专注于单一事物。

相关内容

➡ P86 "无法同时进行多件事"

➡ P204 "逐项完成学习计划"

昨天打了好大的雷呀！我吓到快哭出来。美美有听到打雷吗？

......

父母应在意的征兆

无法同时进行多件事

　　平常与人对话时，我们会不自觉地边听对方说话，边想好自己想说的话，像这样同时进行多件事已经成为一种习惯。然而，一些有发展障碍特性的孩子可能擅长专注于某一事物，却无法同时进行多件事。这种特性出现在对话中，经常会变成"只听对方说话"或"只有自己说话"。上课时，边听老师讲课边将黑板上的字抄成笔记，对他们来说很困难。同一时间只是倾听或说话，这样单一的行为，他们可以做得很好。此外，有些孩子跑和跳不存在问题，若是跳绳或跳箱等必须多个动作配合的运动就无法完成。

教养，
从读懂孩子行为开始

孩子的心情

"一如往常"的状态，最让我感到自在安心。

你怎么啦？运动会的训练要开始咯！

相关内容

➜P81 "预期外的变化令孩子恐慌"

➜P190 "激发孩子的斗志"

父母应在意的征兆

无法参与活动
无法团体行动或共同作业

在有发展障碍特性的孩子中，有些面对不同以往的环境容易感到困惑、不安。在活动或比赛的日子，气氛会变得和平常不一样，行程安排也会有所变更。例如，快到运动会的那段时间，课程表会改变，或是听到吵闹声、穿运动服的时间也会变多。当出现许多与平时上课不同的情况时，他们因无法适应那样的变化，感到强烈的不安，而拒绝参加训练，因为不知如何是好而号啕大哭。还有些孩子面对不同以往的气氛则会变得亢奋，压抑不住兴奋的心情，比如排队时胡乱走动等，无法集体行动或共同作业。

孩子的心情

事情符合自己的预测就能够安心，发挥原本的能力。

和平常不一样！怎么办？

养乐多 → 健健美

相关内容

➡ P81 "预期外的变化令孩子恐慌"

➡ P166 "恐慌发作时"

父母应在意的征兆　讨厌变化 适应不了变化

　　收到出乎意料的礼物或参加惊喜连连的活动，大多数人都喜欢这样的惊喜或兴奋感。可是，有些有发展障碍特性的孩子就算遇到一般人会觉得开心，也会感到强烈的不安或焦虑、烦躁。"接下来会变得怎样？""会变成这样吗？"这类问题他们不善于深思或想象。在日常生活中，物品的摆放方式改变、上学的路因为临时施工无法通行、平常吃的某种食物换了品牌等，对别人来说只是细微的变化，却会让一些有发展障碍特性的孩子不知所措；有些孩子对理解他人的话感到吃力，如果仅口头告知临时的变更，他们会非常不安，甚至惊慌大哭。

教养，从读懂孩子行为开始

孩子的心情

做到一半停下来，心里会感到不安。

我一定要画完。

啊，现在要吃午餐咯！

相关内容

➡ P70 "不懂得察言观色和体谅他人心情"

➡ P86 "无法同时进行多件事"

父母应在意的征兆 **无法顺利转换心情**

有些有发展障碍特性的孩子一旦开始做某件事就会坚持到底，无法转移注意力或调适激动的情绪。例如，上美术课时画画，下课了就不能再画。有些有发展障碍特性的孩子不懂得暂停，会一直画下去。如强迫他们停止，他们会生气。就算当下听从指挥，之后也会因为内心的焦躁出现失眠或咬指甲等身体症状。另外，有些孩子做事情无法变更已经定好的顺序，或是做到一半停止。而如果没有依照步骤进行这件事，他们就会从头做起。

孩子的心情

重复相同的动作
就会很安心。

相关内容

➡P74"执着于特定的
事物"

➡P81"预期外的变化令
孩子恐慌"

父母应在意的征兆 　重复相同的动作 不停甩手

　　有些有发展障碍特性的孩子会持续重复相同的动作，例如摇晃身体、跳来跳去、不停甩手、转来转去等。有时会一直去碰流动的水、摸布偶、舔玩具、闻某些特定的气味等，持续体验相同的感觉。有些孩子对于旋转、闪闪发光或摇动的物品会看到入迷，或是一直按电灯或电风扇等的开关、反复地开门关门。这样的行为称为"刻板行为（stereotypy）"。它是指借由重复相同的动作，减缓内心的不安或紧张，即便别人说"别这样"也不肯停止；若被强迫停止，强烈的不安会让他们感到心慌。

父母应在意的征兆 **不了解话语或对话的含意**
听不懂玩笑话

一般，当小朋友接起电话，听到对方说"你妈妈在家吗"，知道对方的意思是"请你妈妈接电话"，就会去叫妈妈来接电话；在电话中听到"直接回家"，也能明白那是"回家的路上不要到处乱跑"的意思。可是在有发展障碍特性的孩子当中，有些只会接受字面上的意思，不懂得解读话语中的含义。回到前面的例子：接起电话听到对方说"你妈妈在家吗"，他们只会说"在"，然后挂掉电话；在电话中听到"直接回家"，反而会说"不转弯我回不了家"。因为他们只会接受字面上的意思，听到玩笑话会当真而生气，被挖苦讽刺却会开心。

孩子的心情

不易理解他人与
自己的心情。

相关内容

→ P70 "不懂得察言观色
和体谅他人心情"

→ P150 "称赞胜于责备"

哎呀!

啊哈哈哈……

父母应在意的征兆

反应迟钝
不懂得察言观色

与他人在一起活动时，我们会观察他人的表情、眼神、肢体动作、声调、姿势等，想象他人的心情，表现出最符合当下情形的态度。部分有发展障碍特性的孩子，即便没有恶意，不靠语言沟通无法理解、体谅对方的心情，因此被骂了却一脸不在乎，在气氛很沉重时放声大笑，作出无视对方心情的举动。此外，我们会无意间察觉自己的感情，觉得悲伤时会说"好难过"，懂得利用语言做"概念化"的表达。但那些有发展障碍特性的孩子却无法将自己的感受转换成语言，难以察觉自己的心情。

孩子的心情

有时睡眠状态会不稳定。

为什么不乖乖睡觉……

相关内容

➜ P76 "各种感觉出现偏差"

➜ P162 "当孩子偏食或睡眠不好时"

父母应在意的征兆

睡不好
容易醒过来

　　有些有发展障碍特性的孩子经常睡不好，或是很容易醒过来。还是小宝宝的时候，他们在妈妈怀中似乎很想睡，放到床上立刻清醒大哭，或是整晚哭不停，让妈妈筋疲力尽。有些宝宝只有被放在婴儿推车移动的时候，或是坐在儿童安全座椅外出时才会睡着。孩子的睡眠问题会随着成长获得改善，不过有些孩子就算看起来很累也不午睡，半夜起来好几次，或是一大早就醒来，睡眠状态很不稳定。妈妈如果勉强让他们睡，他们就会大哭大闹。

孩子的心情

不是突然发脾气，只是难以表达心情。

你怎么了？

相关内容

➡ P76 "各种感觉出现偏差"

➡ P89 "隐藏性偏执"

➡ P76 "各种感觉出现偏差"

➡ P89 "隐藏性偏执"

父母应在意的征兆　无缘无故生气闹情绪

教养，从读懂孩子行为开始

　　孩子的表情或态度、说话次数、声调等会直接显露他们的感情。但部分有发展障碍特性的孩子，心情不易显现在表情上，不懂得如何表达自己的感受。这些孩子不安、焦躁或生气，其实都有明确的理由（突如其来的行程变更，让他感到极度不安；因为感觉过敏，别人觉得柔和的光线，他却觉得刺眼；把对方的玩笑当真等）。周围的人不懂其感受，误以为那是无缘无故生气、闹情绪。他们尽管心里一直觉得不舒服，却不知道如何表达，最后忍无可忍，作出情绪化的反应，因而遭受误解。

孩子的心情

具体的事、直接的表现比较好理解。

你的脸皱巴巴!

相关内容

➡ P70 "不懂得察言观色和体谅他人心情"

➡ P82 "无法理解含糊、抽象的用语"

父母应在意的征兆

说话很直接
不懂得婉转表达

　　孩子还小的时候，想到什么就说什么，不会考虑对方的心情。等到了上小学的年纪，就会为对方着想，"刻意不说"某些事。然而，有些有发展障碍特性的孩子却无法做到。因此，即便没有恶意，看到胖胖的孩子会当着对方的面说"你好胖"。他们有时回答问题会搞错方向，好比有人问"你的衣服在哪儿买的？"，他的回答不是"○○商场"，而是"3楼"。虽然那样的回答也没错，但这不是对方想要的答案。他们不太能理解婉转的表达，听到"放在那边""切成适当的大小""要好好整理"之类的话会感到不知所措。

相关内容

➡ P87 "难以掌握模糊的
空间、时间"

➡ P200 "时间表的构造
化"

父母应在意的征兆

把以前的事说成昨天的事
不知道"结束"的时间点

孩子还小的时候，就算是半年前的事，他们也会说得像是刚刚发生的一样。特别是开心的事，他们经常会说"昨天去了游乐园，对吧"；对于时间的感觉，随着年龄增长会越来越明显。但有发展障碍特性的孩子，有时难以理解"昨天""今天""明天""1小时""5分钟"等时间的概念，有时会把以前的事当成昨天的事说得很详细。此外，"时间不会停止"对我们来说是理所当然的事，这些孩子却无法感受。也就是说，他们不懂"过了5分钟"和"过了1小时"是怎样的感觉。因此，他们必须一直对抗心中那股"难道会一直这样下去吗"的不安。

教养，
从读懂孩子行为开始

孩子的心情

不是任性，只是"想要安心！"，这样的心情有时会造成恐慌。

讨厌讨厌！

不～要！

相关内容

➡ P76 "各种感觉出现偏差"

➡ P166 "恐慌发作时"

父母应在意的征兆　　## 恐慌发作

　　人恐慌时可能用尽全身力气大哭，仿佛要破坏周围的物品一样。引起恐慌的原因很多，一些有发展障碍特性的孩子因为不善于发挥想象力，容易对变化感到不安，这是原因之一。假如发生孩子预期之外的事，就算对别人只是件小事，他也会感到非常不安。这样的孩子通常会有感觉的偏差，外界的刺激会触发恐慌。孩子的恐慌会让周围的人感到困扰，其实最困扰的是孩子本人。有发展障碍特性的孩子"希望一切就像平常一样"，这样的想法造成的偏执，其实是回避不安、渴望安定的"决心"。

孩子的心情

不是懒散，只是不易保持端正的姿势。

相关内容

➜ P88 "全身运动或手指不灵活"

➜ P136 "感觉统合治疗"

父母应在意的征兆　姿势不良

　　部分有发展障碍特性的孩子会出现驼背、坐没坐相、站不直等不良姿势，另外，诸如躺在地上玩、趴在桌上或撑住下巴的姿势也常见。姿势不良有时是由于肌力不足或身体平衡失调造成的。不过，在大多数人的常识中，"姿势不良"等于"懒散"，因此姿势不良的孩子会被误解为"没精神""有气无力"，经常受到责骂。此外，不灵活或动作迟钝的情况也不少，所以这些孩子会出现撞上家具或门、不擅长运动、穿脱衣服花很长时间、字写不好等状况。

孩子的心情

讨厌的事很多是
因为感觉过敏。

\讨厌讨厌不～要!/

相关内容

➜P74 "执着于特定的
事物"

➜P76 "各种感觉出现
偏差"

● 父母应在意的征兆　**讨厌、不安的事物很多**

　　在有发展障碍特性的孩子中，有些孩子会讨厌剪指甲、剪头发、洗头、洗澡、刷牙、擤鼻涕等，当爸妈想为他们整理仪容时，他们会显得很排斥。也会有一些孩子讨厌戴帽子、穿高领毛衣、穿袜子、把衣服的袖子卷起来，因为这会让他们感觉过敏。他们还会表现出讨厌被抱或牵手等与人接触的行为。此外，有些孩子讨厌面对大众，听到特定的声音会感到不安，害怕待在大厅等开阔的空间。这些行为不易被理解，便会让人觉得这些孩子很难带。这些孩子讨厌的事物很多，也许是因为对变化的不安或感觉过敏所致。

相关内容

➡ P109 "思考前已经展开行动（冲动）"

➡ P210 "校内的问题要趁早解决"

父母应在意的征兆 无法遵守规则 没耐心排队

一些有发展障碍特性的孩子无法遵守游戏规则，和朋友比赛输了会闹脾气。这些行为都有理由，可能是孩子觉得遵守规则太困难，或是好胜心所致。无论如何，若对这些孩子的特性缺乏关照或协助，就会觉得他们很任性，凡事都得照着他们的想法做。此外，有些孩子没办法乖乖排队，就算告诉他们要排队，他们也听不懂"排队"的意思，总是想抢第一。因为个性急躁、朋友说话时会忍不住插话，他们还会被误解为"爱耍赖""很自私"。

教养，从读懂孩子行为开始

孩子的心情

> 还没写完作业，他要去哪里……

我不自私，那是大脑下达"正确"指令，要我赶快行动。

相关内容

➡ P104 "无法静下来（多动）"

➡ P109 "思考前已经展开行动（冲动）"

• 父母应在意的征兆

立刻展开行动
容易发生事故

　　一些有发展障碍特性的孩子不愿意"等待"。例如，上课时老师提问，孩子们一般都会先举手，被老师点到才回答。然而，不懂得"先思考再行动"的孩子，还没等到老师问完问题就已经说出答案，没被老师点名就抢先回答。此外，就算老师说"作业写完的人才能玩"，他们没写完作业却自顾自地玩起来。有这种情况的孩子通常给人活泼、有朝气的印象，智力发展也没有迟缓的迹象，所以会被误解为"很自私""爱耍赖"，经常被责备。加上行动为先的特性，且如果注意力容易分散的话，他们常会发生事故或受伤。

孩子的心情

为什么总是忘事，自己也很烦恼。

我又忘记带了……

相关内容

➡ P106 "健忘、注意力无法集中（不专心）"

➡ P208 "不善于整理，经常丢三落四"

父母应在意的征兆

健忘
忽略细节（粗心）

　　有些有发展障碍特性的孩子会弄丢教科书或笔记本等必要的物品，或是经常忘记交作业。他们容易因为外界的刺激分心，经常出现记不住东西摆放的地方、听过的事很快就忘记、考卷忘了写姓名等状况。他们不懂如何安排事情的优先级，有时会忽略必须马上完成的功课。此外，他们还不善于给物品分类，收拾整理物品也很吃力。即使经常被责备或警告，这种健忘的情况也无法改善。他们的智力发展并没有迟缓的迹象，有时会被误以为是"散漫的孩子"。孩子自己也会因健忘而感到烦恼。

教养，
从读懂孩子行为开始

孩子的心情

压抑不住"想动"的念头。

上课了，他为什么……

是小鸟！

相关内容

➡P104 "无法静下来（多动）"

➡P106 "健忘、注意力无法集中（不专心）"

父母应在意的征兆

不专心／静不下来

　　一些有发展障碍特性的孩子会因一些微小的刺激（如细微的声音等干扰），就无法专心地做一件事；有的孩子上课时会动来动去、摇晃椅子发出声音、离开座位随便走动等，不能乖乖待在原位；有时还会出现各种失衡的情况，例如有的孩子打电子游戏可以打好几个小时等。除了行动之外，他们还会不断扩大话题、说个没完。许多这样的孩子还很健忘，就算经常被责备或警告也不太容易改善，因为这类孩子只是遵从大脑发出的"正确"指令。

孩子的心情

反正我就是很糟糕。可是，我不知道怎么做才做得好。

反正我就是做不到……

反正你就是不相信我……

相关内容

➡ P152 "以肯定取代否定的表达"

➡ P174 "如何预防并发性障碍"

叛逆的态度
容易感到悲观

随着年龄增长，有些有发展障碍特性的孩子会出现明显的叛逆或暴力举动。他们被大人警告时会强词夺理，甚至顶嘴说"妈妈才是讨厌鬼"之类的话。叫他"快去写作业"也叫不动，表现出让别人困扰的态度。此外，有些孩子没有问题行为或令人在意的举动，却会有"反正我就是那么糟糕""我什么都做不好"的悲观情绪或消极态度；尤其是小时候对于各种刺激都很好奇的孩子，如果行动经常被周围的大人制止、警告或责备，就会伤到他们的自尊心。

教养，
从读懂孩子行为开始

孩子的心情

感情用事，无法预测结果。

相关内容
➡ P166 "恐慌发作时"
➡ P210 "校内的问题要趁早解决"

硬拉……

● 父母应在意的征兆

动粗（乱推、乱打、乱踢其他孩子）弄哭其他的孩子

　　部分有发展障碍特性的孩子一有不开心的事就会打朋友，或是放声尖叫。这样的行为一再发生，他们会被误解为"个性粗暴的孩子"。究其原因或许是他无法理解对方的心情而产生误会，或是压抑不了激动的情绪。此外，感觉过敏的孩子为了回避某些强烈的刺激，有时会作出推挤的行为。我们要了解孩子在意的是什么，找出行为背后的原因，包含只攻击某个孩子的原因在内。假如他把攻击性的举动当作消除不安或焦躁的方法，就必须帮助他转换成"更好的行为"，例如离开现场，让情绪冷静下来。

孩子的心情

已经很努力了，就是念不好，算不好。

在……某……个……地方……有……

相关内容

➡ P118"阅读或书写上有困难"

➡ P206"帮助孩子克服不擅长的事情"

父母应在意的征兆

读错／写错字

在有发展障碍特性的孩子中，有的平常说话流畅，却在阅读上有困难，如念课文时不会依照意思断句，只会逐字念，念到哪儿自己都不知道，或是漏字、跳行；有时看到字形类似的字会读错，或是发错音，例如二声发成四声等。有的书写有困难，字体不工整、笔记或考卷上的字写得太大或太小；相似字形的字会写错，或是漏写句号、逗号、顿号之类的标点符号；有的无法将黑板上的字抄成笔记，或是不擅长写作文。

教养，从读懂孩子行为开始

孩子的心情

把听到的话转换成文字，或是组织文章很花时间。

然后就下起"雨"了。

然后下起"糖果"①……

相关内容

➜ P120"听或说有困难"

➜ P206"帮助孩子克服不擅长的事情"

父母应在意的征兆　**不善于倾听／表达**

　　部分有发展障碍特性的孩子听不懂对方说的话。例如，上课时老师说"星星闪亮"，大部分孩子只要推测语意就能知道是天上的"星星"，不是动物园的"猩猩"。但这些孩子却无法将听到的话转换成文字，无法只凭口述理解意思。听觉敏感的孩子，会感觉各种声音听起来音量都一样，所以老师的话会被其他声音盖过或听错、听不清楚。有些孩子能听得懂对方说的话，却无法自己表达出来。大部分人说话时，大脑中会立刻整理好语法、顺序、词汇等，但一些有发展障碍特性的孩子说话没有条理，或者要花很长时间来表达完整意思。

① 日文的糖果和雨，发音相同。

相关内容

➡ P122 "计算或推理上有困难"

➡ P206 "帮助孩子克服不擅长的事情"

父母应在意的征兆 不擅长计算或理解图形、推论

　　部分有发展障碍特性的孩子不擅长计算，情况各不相同。例如，会做个位数的计算，却不会进位或借位，笔算时加错或减错数字；有阅读困难的孩子，看到"20＋30"能够马上算出来，但遇到"一个苹果20元，一个橘子30元。买一个苹果和一个橘子，总共是多少钱？"之类的应用题就解不出来；对不易掌握空间概念的孩子来说，求三角形的高，想象球、立方体等看不到的部分等，会让他们觉得很吃力；有些则是在数字概念的理解、四则计算的活用、九九乘法表的记忆上有困难。

教养·从读懂孩子行为开始

孩子的心情

一再练习还是学不会、做不好。

啊！

扣不起来……

相关内容

➡ P88 "全身运动或手指不灵活"

➡ P160 "无法完成日常琐事"

父母应在意的征兆　手指不灵活 手的力道太重或太轻

　　扣纽扣与解纽扣、拉拉链、使用筷子、写字、用橡皮擦擦掉字、画画、折纸、拿剪刀剪东西等动作，大部分孩子即便一开始做不好，多练习几次也能学会，但有些有发展障碍特性的孩子就是学不会。日常生活中经常会用到手，假如孩子手不灵活，就没办法独立完成事情。上课时经常要写字，孩子如果握笔过于使劲，铅笔的笔芯会弄断、笔记本会被戳破，进而影响学习。不懂拿捏力道的孩子，其实没有恶意，如同你想轻拍朋友的肩膀，却拍得太用力，结果被误解为"很粗鲁"。

孩子的心情

明明很努力练习，身体动作就是不灵活。

好痛！

啊~

相关内容

➡ P88 "全身运动或手指不灵活"

➡ P194 "帮助孩子发挥出色的能力"

父母应在意的征兆

不擅长全身运动 不了解自己的身体

　　有些有发展障碍特性的孩子没办法做到手脚并用或是双手交互摆动的动作，他们能够原地跳却无法跳绳，能跑能跳却跳不高。此外，有些孩子因为不了解自己身体的大小或轮廓、伸展手脚的感觉等，容易撞到门或家具，上下楼有困难。他们有时连日常生活的动作也不灵活，比如钻到桌下拾橡皮擦却撞到头等。另外，他们不会做垫上运动或吊单杠、跳舞或体操等运动，就算示范教授他们，还是学不会。

教养，从读懂孩子行为开始

当发现孩子可能有发展障碍时

孩子无法将自己的想法用语言完整表达。大人尽早发现孩子的特性，积极给予协助很重要。

察觉孩子感到痛苦是很重要的事

父母应在意的征兆（P23～58）介绍了有发展障碍的孩子常见的举动。读完后，或许有人会想，"这么说来，我家的孩子好像也有类似的情况"。当然，就算你的孩子出现过前文介绍的举动，并不表示你的孩子一定有发展障碍的特性。但你如果在日常生活中觉得孩子不太好带，或是孩子本身感到痛苦，就请先试试"调整生活"。

尽早察觉，细心应对

包括父母在内，经常接触孩子的人最在意的就是"孩子为什么会有这样的举动"。孩子老是闹脾气或恐慌、不懂得变通或强烈的偏执等，令不少父母感到束手无策。"调整生活"是指，想象孩子的想法，给予孩子能够实现想法的环境。假如让孩子一直处于无法实现想法的环境，等于强迫他们过痛苦的生活。

有些父母咨询孩子的举动时，可能会担心孩子被冠上"障碍"二字的诊断。不过，父母要是觉得孩子"似乎怪怪的""好像不太一样"，或是有"感到困扰"的情况，请别独自烦恼，最好找专家谈一谈。

因为孩子是无法将自己的想法用语言完整表达的。为了知道"应该采取怎样的应对方式：提供怎样的环境才能让孩子过得舒服"，大人必须尽早察觉孩子的特性，积极给予协助。这点非常重要。

尽早察觉，细心应对很重要

察觉

为孩子的举动烦恼

恐慌

一个人也很自在

到处走动

假设

接受专家的建议，进行假设

职能治疗师

专业医师

置之不理

无法接受适当的协助治疗

到底要说几次你才会懂！

与朋友的关系出现问题

持续责备

应对

提供适合孩子特性的环境。
开始疗育（P130）

理解特性，给予必要的协助

让孩子在适合特性的环境中发挥擅长的能力

混乱

成长过程中丧失自信、内心混乱。
可能导致并发性障碍（P174）

父母也失去自信

发挥不了原本的实力……

---

① 拥有职能治疗专业技术，并领有职能治疗师证照者。通过"有目的性的活动"治疗或协助生理、心理、发展障碍或社会功能上有障碍的人，使其获得最大的生活独立性。此职业与"复健科医师"并不相同。

教养·从读懂孩子行为开始

去哪里咨询比较好？

如果觉得孩子可能有发展障碍的特性，父母不要独自烦恼，试着进行咨询，寻求专家的意见。

儿童精神科或专门的诊所

父母对孩子的成长状况感到不安时，别独自烦恼，可以向儿童精神科、小儿精神科、精通儿童发展诊所的医师咨询。但目前这样的专门机构不多，父母能够咨询的人数有限，为了接受诊疗，需要等待很长时间。

"尽早察觉、细心应对"很重要，先去找常去的儿科医院的医生，或是居住地区内的保健医师咨询。这些专家接触孩子较早，对孩子有相当程度的了解，如果彼此都认识，沟通上就比较容易。若有必要，父母也可请对方帮忙推荐专门的医疗机构。另外，类似于育儿支援中心或地方政府的福利部门等也有相关信息。

寻找能够协助联系的单位

由于事关孩子的成长，许多父母都有焦虑感。选择医疗、咨询机构也需要考虑"契合度"，有时最早咨询的地方，未必是最适合的地方，难免令人气馁。此时请别放弃，继续寻找适合的机构或单位。

■**专门的医疗机构**

· 儿童精神科
· 小儿精神科
· 精通儿童发展的诊所等

■**居住地区内能够咨询的地方**

· 常去的儿科医院
· 卫生所或保健中心
· 育儿支援中心
· 地方政府的福利部门
· 托儿所、幼儿园、小学等

具体传达担心的事

专门的医疗机构为了详细了解孩子的情况，通常诊疗时间会比较长，但也会有时间限制。第一次接受诊疗时，不少父母及孩子都会感到紧张，建议你先把自己担心的事列出来一起带去。

另外接受诊疗时，妈妈手册、幼儿园或学校的联络簿、成绩单、相册或育儿日记等有助于帮助了解孩子的成长过程或平常的样子，可作为诊疗的参考。

孩子有无发展障碍的特性，要从各个方面判断。关于发展障碍的"诊断方式"请参考关于阿斯伯格综合征（P98）的内容。

去医院或咨询处诊疗时，可当作参考的东西

妈妈手册或联络簿、成绩单

通过妈妈手册，医师可以知道妈妈怀孕或生产时的情况、孩子的初语时期等。至于联络簿或成绩单，记录了孩子在幼儿园或学校的情形，能够当作了解孩子平时状况的参考。

相册、育儿日记

孩子小时候的照片是怎样的感觉，可以作为医师了解孩子平时状况的参考。育儿日记里会写到不少在意的事，能够成为医师了解孩子特性的线索。

给医师的便条（写下孩子令人在意的状况）

待在不同以往的环境，或许会感到紧张。先把孩子令人在意的状况或是想确认的事列出来，接受诊疗时就不会漏说或漏问。

医保卡　　　婴幼儿健康检查　　介绍信　　笔、笔记本
　　　　　　等的检查报告

孩子被诊断出有发展障碍时

诊断名称是让我们接纳孩子一切的指标，也能帮助我们思考怎么做才能减轻孩子的痛苦。

诊断是了解孩子痛苦的第一步

父母就算再担心孩子，内心总希望"孩子没有障碍"。身为父母，有这样的心情也在情理之中。怀抱着不安接受诊疗，听到医师说孩子有"障碍"时，这是多大的打击。不少父母起初都"无法接受诊断结果"。

诊断名称相同的孩子仍有差异，不能以诊断名称决定孩子的人生。借由诊断察觉孩子的痛苦，了解他们令人担心的举动背后有何理由，才是第一步。

孩子本身也为了痛苦而烦恼

诊断名称的正面作用

孩子无法好好说明自己的心情，在家尚且处于弱势，其特性可能会让他离开家后，在学校等地方更难以生存。

诊断名称也有"让孩子免于被欺负"的正面作用。有了诊断名称，别人就能理解孩子的不足或痛苦并非因为本身的努力不足或懒惰，也不是因为父母的教育方式错误，而是孩子的大脑特性所致。以往那些令人担心的举动、不好教的情况也有了一定程度的说明，这样孩子就不会受到过度责备。

接纳孩子的一切很重要

接纳孩子的一切很重要。对于障碍特性造成的失败或痛苦，要抱持"怎么做才能减轻孩子的痛苦"的观点。

说到"怎么做"，会使人产生"○○特性就要□□"，类似于"HOW TO"或"指导手册"的误解，但本书指的是"个人化医疗（tailor-made medicine）"。

根据诊断名称，父母应该配合孩子的行为模式积累应对经验，减轻孩子的痛苦，让他获得好的评价。为了协助孩子的生活，父母还应将诊断作为参考。

举个例子，有注意缺陷多动障碍特性的小美有很多优点，比如活泼开朗、喜欢亲近人、爱说话，打招呼时很有精神，运动方面也很擅长。不过，她也有静不下来、爱闹脾气的特性。

找出孩子更多的优点

有了诊断后，小美能够拥有活动的自由，闹脾气时也能转换成别的行为。同时，开朗活泼、喜欢亲近人、运动方面擅长的优点也突显出来。

无法被家人理解的时候

通常最早发现孩子有异状的人是妈妈。随后，妈妈会马上阅读相关书籍，想办法解决问题。然而，当妈妈想去专门的机构咨询时，爸爸却冷淡地说"你想太多了"，公婆也责备是她的教育方式出了问题，最后只好打消念头。看来妈妈们心中的担忧，就算说出来也未必能被理解。这时候，妈妈们请别独自烦恼，想想看那都是为了孩子。你可以先找相关的医疗、咨询机构进行咨询。

教养，从读懂孩子行为开始

当听到"再观察看看吧"的时候

如果听到"再观察看看吧"之类的话，请理解成"陪伴孩子成长，一起仔细观察"的意思。咨询也要持续进行，不要中断。

发展障碍的诊断需要时间

在初诊阶段，几乎没有医师能断定"你的孩子是发展障碍的……"。孩子的举动或情况时时刻刻都在改变，成长变化也很明显，在诊疗期间看到的举动并不是孩子的全部。诊疗可帮助我们了解孩子、家人的想法，所以父母应该尽量多花点时间仔细接受诊疗。医师需要时间才能作出正确的诊断，"再观察看看吧"也是这个用意。

保持与医疗机构的联系

听到"再观察看看吧"，请理解为"现在还没有最终结论，但有些地方令人在意，我们一起来观察孩子的情况，一起守护他"的意思，不要轻易中断咨询。

问完这3件事后，确认下次的诊疗日

无论是什么理由，如果孩子确实觉得痛苦，我们都必须想想怎么做才能减轻他的痛苦。

　　具体询问医师"观察期间大概是多久""要注意怎样的情况""怎么做比较好"，确认好下次的诊疗时间很重要。得不到预期的结果或应答时，可以寻求"第二意见咨询（Second opinion，或称医疗再咨询服务）"[①]，多找几家咨询或医疗机关了解情况。

---

① 　病患被诊断出罹患某种必须作出重大治疗的疾病时，为了详细了解自身的病情，以及就诊过程中治疗行为是否适宜而进行的咨询服务，称为第二意见咨询。

第 3 章

认识"泛自闭症"

什么是泛自闭症？

有泛自闭症特性的孩子不擅长与人沟通，在人际关系上遭遇困难。然而，许多这样的孩子拥有出色的能力。

社交困难

泛自闭症是指具有自闭症或类似自闭症特性的发展障碍。即便都是有自闭症特性的孩子，显现方式仍有差异，其特性不会分开，而是有连续性，这被视为医学检查不易发现异常的大脑功能失衡所致。这并非心理疾病，也不是孩子任性或缺乏管教造成的状态。

泛自闭症表现为孩子在"社会互动""沟通""想象力"等方面感到棘手或有困难，这3项特性又被称为"三重障碍"，最早由精神科医师罗娜·温恩提出。特性的显现方式各有异同，并且会随着孩子的年龄产生变化，不会完全相同。

有时，一种发展障碍特性会与其他特性重叠。因此，理解泛自闭症的特性，有助于理解其他的发展障碍。基于这样的观点，本书对泛自闭症有较多的说明，你需要先详细阅读关于泛自闭症的介绍。

泛自闭症的主要特性

❶ 社会互动障碍
与他人相处互动时，不知道如何表现合适的言行。

❷ 沟通障碍
不知道如何享受对话的乐趣，或是不懂得察觉气氛，作出适当的反应。

❸ 想象力障碍
面对未来的不安，无法发挥想象力，需要以灵活自在的心态去克服。

对不安感到恐惧

妈妈们曾经这么说，还不知道泛自闭症之前，她一直不明白孩子为什么那么在意声音或气味，只觉得孩子是故意找麻烦；每次只要她抱孩子，孩子就大哭，再努力让孩子静下来都没办法，和孩子对望，孩子也不会笑。

这些诊断出有泛自闭症的孩子，经常会感觉到自己的世界受到威胁，每天都仿佛过着被压迫的生活。父母与孩子相处时，知道孩子有这样的感受是非常重要的事。

同时拥有出色的能力

尽管内心感到不安，觉得痛苦，不少孩子仍拥有优异的能力。比如语言发展迟缓的孩子，能够将看到的事物当成图像记住，能够熟记图鉴等庞大的资料，只听过一遍的曲子马上就能用钢琴演奏，或是擅长计算机操作，对喜欢或擅长的事情可以发挥出色的能力。

孩子执着于自己擅长或感兴趣的事情，这些事情或许会成为他们将来的工作。大人要把孩子的兴趣或特长当作出发点，尽力协助他们把擅长的事情发展成未来的工作，这点很重要。"孩子喜欢什么""做什么会让他感到开心"，以这般心态去面对孩子，自然能够拉近彼此的距离。

高功能自闭症

一般将智商70以上的自闭症孩子诊断为高功能自闭症。测定智商时，智商70以上就是判断基准。这虽然代表智力上并无明显的发展迟缓，并不表示基本特性属于轻度。

Q&A

Q 何谓自闭症？

A 自闭症于1943年由美国的精神科医师利奥·肯纳提出。肯纳医师针对有社交困难、不擅长语言沟通、对路线或物品的摆放等有所坚持、在数学或记忆方面表现出色的11名孩子发表了报告。他将不易对他人产生兴趣、喜欢独处的倾向用"自闭"一词说明，令许多人误会这是一种心理疾病。肯纳医师认为自闭症是与生俱来的障碍。

Q 自闭症存在于所有的文化和种族吗？

A 据说有自闭症特性的孩子，在任何文化和种族皆为1万人中约有15～20人的比例。此外，在男女比例上几乎都是"男4：女1"。自闭症被视为与生俱来的大脑功能障碍。为何会是这样的比例，目前尚未明确。

不懂得察言观色和体谅他人心情

有泛自闭症特性的孩子没办法理解看不到（非具体化）或无法图像化的事物，难以察知当下的气氛，而他们并非故意表现出失礼的态度。

没办法理解看不到（非具体化）的事物

自然形成的规则是指大家共有的"常识"。例如，我们到餐厅用餐，不会随便坐别人的位子，或是闯进厨房、乱碰收银台。因为我们能够区分"自己的领域"与"他人的领域"，以及"可进入的场所"与"不可进入的场所"。

但领域的界线并非具体化的存在。有泛自闭症特性的孩子，没办法理解看不到或无法图像化的事物，所以即便没有恶意，仍会毫不在乎地闯入他人的领域。

不善于察知当下的气氛

就算是年纪小的孩子，被骂了也会不安地问"你还在生气吗"，确认对方的感受；年龄再大一点，遇到不知该如何处理的情况，就会静静等待，让自己适应那样的情况。像是参加葬礼等气氛严肃的场合，即使不知道理由，从周围大人不同于平日的表情，也会知道这时候要保持安静。

可是，有泛自闭症特性的孩子，不太能察知当下的气氛。因此，正在被骂或参加葬礼的过程中，想唱歌就会唱出来，想到好笑的事就会放声大笑。

不会察言观色

一般的孩子做了超乎常理的事，以往会被口头警告，但现代社会办事不如以往严谨，加上人们尽可能避免与他人发生冲突或纠纷的心态，这些孩子往往会遭到人们"皱眉""不悦的表情（瞪视）""离开现场"等态度表达的感受。

有泛自闭症特性的孩子，不懂得从对方的表情、态度了解其感受。他们有时难免会遇到"不通过语言沟通互动"的情况，但不会察觉自己正被对方严格审视。

不懂得变通

有泛自闭症特性的孩子，不懂得根据当下的情况改变自己的举动或对话内容。面对初次见面的人，不知如何注意分寸。因此，即使没有恶意，为了他们想知道的事，就算对初次见面的人也会突然问对方比较私密的事。

此外，为了培养道德感，父母会告诉孩子"不可以说谎"，于是看到比较胖的同学，他就会诚实地说"你好胖啊"。其实他并没有恶意，也的确没说谎，但这样的话语却让听到的人难过，可对他来说，想传达"事实"的念头胜过顾及对方的感受。

浅显易懂的传达很重要

在某个演奏会的现场，一般情况下，孩子察觉到周围的气氛，会保持安静、不说话。然而，有泛自闭症特性的孩子不会察觉周围的情况，但当他听到广播说"请各位保持安静"会乖乖照做。

孩子在演奏会开始前都能表现得安静有礼，可以是他自然配合当下的气氛作出的适当举动，也可以是大人用正确、简洁的说明让他理解这种正确的态度会给其他人留下好印象，建立起良好的人际关系。重要的是，孩子"是否确实理解某些特定情况"。因此，浅显易懂的传达非常重要。

请各位保持安静

大家都很安静，我也要保持安静

听到现场的广播后　　　　　察觉周围的气氛

停止说话（达到正确的理解）

恰当的礼仪建立起良好的人际关系

无法顺利沟通

有泛自闭症特性的孩子不易对他人产生信任感，通过语言或肢体接触的沟通也显得吃力。

有时会觉得孩子很难教

通过会话或表情的沟通好比抛球与接球。举例来说，当我们向对方传达讯息时，感觉到对方的感受，进而改变对话的内容或表情。于是，对方也会回馈以相同的反应。

但有泛自闭症特性的孩子，因为大脑功能的失衡，不懂得抛球与接球似的沟通方式，对亲近的人难以产生信任感或依赖。由于不清楚这是暂时性的情形或是泛自闭症的特性，不少父母会感到心力交瘁，觉得"我的孩子好难教，真不知道该拿他怎么办才好"。

对他人缺乏关心

宝宝在"肚子饿了""尿布湿了不舒服"的时候会用哭闹的方式表达，寻求适当的照顾或保护。与最亲近的家人接触、得到信任感后，他们会想寻求更多的接触。宝宝在懂得靠眼神接触沟通后，被逗了会笑，学会爬行就会跟在妈妈身后，黏得紧紧的。另外，兴趣、关心、感情的共享，被称为"共同注意力（joint attention）"。宝宝看到眼前有蝴蝶在飞，会用手指着要身旁的人看。

啊，你看，那是蝴蝶！

无法共享兴趣或关心

有泛自闭症特性的宝宝对他人缺乏关心，会有强烈的不安，不会主动做上述的事。即使蝴蝶飞来，也不会用手指出来，就算妈妈指着蝴蝶，他也不会看。

教养，从读懂孩子行为开始

不太会开口说话

有泛自闭症特性的孩子，有些不太会开口说话。即使有想玩的玩具，也不会跟妈妈说"帮我拿玩具"，只会拉着妈妈的手，走到放玩具的地方。这种情况有个专业术语叫做"crane现象"[①]。

拉着大人，走到放着想要的物品的地方——"crane 现象"

此外，他有时会持续说着自己想说的话，或者不断说着他觉得听起来舒服的词句。当他无法理解对方说的话时，会直接重复对方的话。这种情况有个专业术语叫做"仿说现象（echolalia）"。

不过，不开口说话不代表他没有想传达的想法。他虽然有话想说，却不知道如何用言语表达，想想他的心里会有多焦躁。读过有泛自闭症特性的人写的书就会知道，虽然不善于言词，他们却拥有具有逻辑性且情感丰富的内心世界。因此，我们要仔细观察泛自闭症特性的孩子的内心，想想他想说的话想表达的意图，这点非常重要。

你要喝果汁吗？

你要喝果汁吗？

重复对方说的话——"仿说现象"

---

① 编者注："crane现象"这个名词偏向心理学名词，意指单一的要求手段，也可解释为起重机式的要求，例如婴幼儿表达任何需求都是用同一种方式（比如借助母亲的手去拿东西）。

执着于特定的事物

面对未来会不安，无法发挥想象力去克服不安，任何一点小事都会觉得不安。

借由某种偏执让自己安心

有泛自闭症特性的孩子不懂得发挥想象力，一点小事就很容易不安或紧张。一般人对于预料之外的事会感到兴奋、惊喜，他们却很难有这样的情绪，他们只希望每天都一如往常。

然而，生活中突然出现变更是家常便饭。因此，遇到难以预测的状况时，他们会变得偏执，反复地想、写或说特定的事物，重复相同行为，也许是想借此让自己感到"一如往常"，减缓内心的不安或紧张。此外，也有专家指出，由于兴趣或行动范围极度狭隘，这些孩子没有其他想做的事，更加突显出强烈的偏执。

对于偏执的行为，即便别人想阻止也阻止不了。被迫停止反而会造成这些孩子更大的不安，让他们闹脾气或恐慌。

有时没办法"一如往常"，孩子会感到很不安

喜欢收集

这些孩子对类似于记忆海量知识的行为也是偏执的表现。偏执的对象很多，如小汽车、电车、公交车、飞机、交通标识、日期、数字、地理符号、书名、转动的物品、发光的物品、特定的电视节目、计算机等，其共同点是形状或图案不会改变。例如，默记地铁站名或世界国旗，记得住圆周率或英文单词。此外，有些孩子喜欢把收集的模型车等物品按照自己习惯的秩序排列。

有时比起玩玩具，更喜欢排列

有时会热衷于某些动作或是坚持某种规则

有些孩子会一直重复相同的动作，如摇摆身体、旋转、甩手、在沙发或床上跳来跳去；有些孩子则会不停地甩绳子、闻东闻西、盯着特定的物品（叶缝间的阳光等）或空间、喜欢摸水或沙子。这样的行为称为"刻板行为（stereotypy）"。

另外，因为按规则做事比较容易预测事情的走向，可回避变化造成的

有些孩子会一直重复相同的动作

不安或恐慌，有些孩子一旦记住了某种规则就会严格遵守。

不过，规则是让大家愉快生活的基本条件，并非绝对条件，所以要视情况变通。但对有泛自闭症特性的孩子来说，变通是非常随便的事，不够严谨。

无论怎样的规则总有例外，有些状况可以稍微破例，为了让孩子接受这一点，传达者与孩子之间必须互相理解，建立互信的关系。在取得信任前，尽可能别让有泛自闭症特性的孩子感到困惑，以耐心保持互动。

各种感觉出现偏差

部分有泛自闭症特性的孩子有非常灵敏的感觉，别人几乎不会察觉的刺激，他们能强烈感受到，并且产生极大的压力。

对各种感觉过敏

人们通过视觉（看）、触觉（摸）、听觉（听）、味觉（品尝）、嗅觉（闻）等感觉，感知外界，获得各种信息。部分有泛自闭症特性的孩子，因为有各种感觉的偏差，面对别人几乎感觉不到的刺激，他们会感觉很强烈，进而产生莫大的压力。对各种感觉过敏，有时是造成孩子闹脾气或恐慌的原因。

感觉的种类或敏感度的强弱因人而异：有些孩子对听觉过敏，触觉没问题；有些孩子对触觉过敏，对气味却不在意……

而且，同一个孩子在不同的场所或时段，敏感度会出现变化。疲惫或有压力的时候，孩子的感觉容易变得敏感，有时早上很正常，到了下午就变得很难受。

你不热吗！？

不易感觉温度的变化，有时穿着不合季节的衣服也无所谓

相较于感觉敏感的孩子，有些孩子却感觉迟钝，比如因割伤而流血了也浑然不知，夏天仍想穿厚毛衣等。这样的感觉偏差无法靠努力或毅力改善，必须要有深入的理解与关怀。

教养，从读懂孩子行为开始

1 对视觉过敏

有些孩子很难从众多的物品中找出单一物品。他们在意日光灯的闪烁，看到白纸上的黑字觉得很刺眼，有时会觉得人脸看起来像是毕加索笔下的抽象画。因此，集中不了注意力，没办法好好阅读，无法与人眼神接触、对视。

有些孩子会觉得教科书上的字很刺眼

内衣或T恤的标签、缝线有时会造成刺激

2 对触觉过敏

有些孩子皮肤碰到比较粗糙的布料（衣服的标签、袜子或内衣的缝线等）会刺痒、灼痛。所以会想一直穿着舒服的衣服，或是想脱掉感觉刺激的衣服。此外，他们有时被人或物品稍微碰到就会痛得受不了。因此，当被朋友不经意碰到肩膀时，他们会露出疼痛的表情。

3 对压迫感过敏

虽然是温柔的拥抱，有些孩子却觉得像是窒息般的强烈压迫；轻轻握手却觉得很痛；戴上帽子，感觉头被紧紧勒住。所以，有时妈妈出于关爱想抱孩子，孩子却躲开，表现出讨厌的样子。另外，有些孩子却要被抱得很紧才会感到安心。

有些孩子被拥抱会觉得有压迫感

4 听觉过敏

听到音量大的声音，有些孩子会有种像被牙科医生用钻子治疗蛀牙般的强烈抽痛感，或是宛如听到轰然巨响。所以，有时身处人潮涌动的热闹场所，他们会很想捂住耳朵，挡掉周围的声音，用这种刻板行为使自己感到安心。

此外，他们可能听不懂说话速度快的人在讲什么，很难在许多声音中只听单一的声音。车站、超市、教室等场所里出现的各种声音，听起来音量都相同，会让他们感到非常混乱。

有些孩子听到音量大的声音会忍不住捂住耳朵

5 嗅觉过敏

有些孩子无法接受学校的厨房、摆放运动器材的仓库等场所的强烈气味，甚至会有想吐的情况。就连多数人觉得好闻的烤面包香味，有些孩子闻了也觉得难受。

另外，由于熟悉的物品会让有些孩子感到安心，他们面对从食物到衣服等任何物品都习惯先闻一闻，借以确认周围的状况。

有些孩子很抗拒学校的营养午餐或厨房传出的气味

6 对味觉过敏

　　有些孩子觉得一般的调味太重，只喜欢吃清淡的食物、偏爱吃特定口感（如软硬度不同）或温度的食物。有些食物吃起来像在嚼沙子，或是觉得很黏。此外，他们对外观也很挑剔，总是吃特定颜色的食物或相同包装的商品，因此有时会变得偏食。

多数人觉得好吃的食物，有些孩子却没办法吃　　　不太会觉得痛，有时会抓到渗血

7 痛觉迟钝

　　有些孩子由于痛觉迟钝，不了解身体的底线，不容易感觉痛，所以可能会抓身体抓到渗血、用力咬自己的手臂等；由于受伤也不太会觉得痛，即使受伤严重也一副不在乎的模样；恐慌发作时，会出现伤害、弄痛身体的行为（自残）。

8 平衡感不佳

　　内耳保持身体平衡的机能无法顺利发挥作用，导致有些孩子姿势不良、趴在桌上。这样，他们会变得不灵活、不擅长运动，这样的状态容易给人"没精神""有气无力"的印象。但有些孩子旋转时也不会头晕、呕吐。

有些孩子经常姿势不良，被误解为"懒散"

对图像化的事物反应强烈

有泛自闭症特性的孩子不易记住口语等声音方面的信息。比起口述，用具体的图像或文字传达更容易让他们理解。

比起声音，图像更能传达意思

比起声音，有些孩子更容易记住文字或图像。我们都有过这种经验，针对某个场所或某件事，听别人说，不如看照片或自己亲眼确认更能清楚了解。许多有泛自闭症特性的孩子，都是"百闻不如一见"的思考模式，能够很快记住容易图像化的事。

被诊断为自闭症的美国动物学家天宝·葛兰汀（Temple Grandin）在著作中曾提到，他只有语言暂时被"翻译"成"图画"，才能理解内容。例如，听到"狗"这个字，以往看过的狗照片会像彩色投影片般在脑海中逐一浮现。然后，从记忆中众多的狗照片里找出共同点，形成"狗"的概念。而且，即便是复杂的物品也能在脑中转换成虚拟实境般的三维空间形态，就连机械的平面图也能在脑海中组装、运转。

尽管不是所有人都有出色的视觉思考，但多数有泛自闭症特性的人对事物的看法或记法，与其他人有着很大的差异：有些人不容易记住声音的信息，听完即忘；想传达事情时，必须用图像或文字等眼睛能看到的方式呈现。

预期外的变化令孩子恐慌

有泛自闭症特性的孩子容易因为些许的变化感到不安或紧张。他们希望每天都一如往常，别发生想象不到的事。

发现东西不在原本的位置……   孩子会恐慌

事情能够预测就会安心

事情如果能够预测，孩子就会觉得事情"一如往常""如我所想"，因而感到安心。可是，一旦预料外的事发生，孩子就会手忙脚乱、不知所措，或是恐慌发作，仿佛随时都要大哭起来。

这就好比当我们去一个语言不通的国家，如果有导游陪伴，我们就能安心、快乐地旅游。若是自助旅行，我们在途中弄丢了钱包和护照，会是怎样的心情？肯定很慌张吧。那些对我们来说不起眼的小事，对孩子却会造成极大的困扰。

不善于预想

任何人对未知的事都会感到迟疑，对于有泛自闭症特性的孩子，就算只是些许的变化，他们也会感到很不安。这是因为对于看不见的事或未来的事，他们无法预想"可能会变成这样""或许会发生那样的事"（想象力的障碍）。当不安或紧张减少，孩子比较容易发挥原本的实力，所以当预定事项有变动时，如教室里物品移动或上课内容有变更等，提早以简单易懂的方式说明很重要。

无法理解含糊、抽象的用语

有泛自闭症特性的孩子听不懂语意含糊或拐弯抹角的话语。而对容易图像化或具体的事物，他们就能充分理解。

以具体的话语传达

听到"好好整理"，我们会解读成捡起垃圾、把散乱的物品放回原位等。可是，有泛自闭症特性的孩子，一般不能将抽象的表现换成具体想象，或是把过去的经验、已经知道的事实整理成概念，所以他们不懂"好好"是什么意思。另外，"一点点、稍微""很快、马上"等语意含糊的词汇，或是"温柔""和平""危险"等不易图像化的抽象词汇，以及"时间差不多咯""随你高兴、随便你"等拐弯抹角的表达，他们也很难理解。因此，与他们对话时，我们要尽可能用简短、具体的话语表达。

照字面的意思解读

有时孩子会直接照字面上的意思解读听到的话，因此他们分不清楚对方是开玩笑还是认真，也不懂对方在嘲讽自己。有些孩子听到同学开玩笑说"你好笨"会非常生气，对有些挖苦的话却毫无反应。此外，他们就算理解词汇的意思，却不知道使用的时机，例如何时该说"早安""午安""晚安"；听到"直接回家"，反而会说"不转弯我回不了家"。

换成孩子听得懂的话

有些孩子听不懂语意含糊的表达，家长如果希望孩子动作快一点的时候，可以告诉他"用高铁（快车）的速度"，他就会知道要加快速度。比起"保持安静"，像"把嘴巴的拉链拉起来"这样的表达，孩子更容易理解。另外，比如"用3级音量说话"取代"再小声一点"，孩子更能听得懂。与他们对话时，用他们容易理解的话很重要。

教养，从读懂孩子行为开始

令孩子感到混乱的表达方式

常用语、口头禅

听到"直接回家"，有些孩子会说"不转弯我回不了家"之类的话。他们无法将"直接"解读成"不要到处乱逛"。

惯用句

"忙到想叫猫来帮忙"，这是形容"忙得团团转"的状况，像这样的惯用句，有时孩子听不懂。另外，有些孩子会把记住的惯用句用在毫不相关的地方。

夸张表现、玩笑话

例如，某件很快就能完成的事，朋友夸张地说"我1秒就能做完"，有些孩子听了会反驳"你不可能1秒就做完"。

代名词

"那个""这个"之类的代名词，有时意思会随情况而改变，但有些孩子无法理解，如"帮我拿一下那里的笔记本"。"帮我拿一下桌上的笔记本"，必须像这样用具体的措辞，孩子才听得懂。

否定表现的词、命令句

听到"不可以"之类否定表现的词，有些孩子会觉得受到了责备。另外像是"快点、快去……"的命令句也会让他们有被批评的感觉。

拐弯抹角的表现、语意含糊的表现

"时间差不多咯""家里的人会担心吧"，当对方像这样婉转地表达"你该回家了"时，孩子却听不懂。

难以解读对方的情绪

有泛自闭症特性的孩子，不善于解读他人的表情、动作、视线、声调等情绪表现方式。同时，他们也不善于表达自己的感受。

无法察觉对方的喜怒哀乐

有泛自闭症特性的孩子，没办法从表情、动作、手势、视线、声调等感情表现了解对方的情绪感受。

所以就算没恶意，他们有时因无法察觉对方正在生气或难过，而作出无视对方感受的行为，或是令对方感到烦躁。在成长过程中，基于顾虑他人的感受，一般人们会学着不将愤怒、困惑之类的强烈感情表现出来。而有泛自闭症特性的孩子随着年龄增长，会越来越不懂得别人的心情。

拙于表达自身的感情

有些话能够传达感受，例如好生气、真不甘心、很伤心、真丢脸等。可是有泛自闭症特性的孩子，不懂得将激动的感情转换成语言表达（概念化）。因此，当内心充满各种感情时，他们总是说"走开啦"之类的话。一般情况下大人还能体谅孩子的心情，但其他小朋友却没办法体谅他们的心情，所以他们很难拉近和其他小朋友的距离。

无法解读当下的气氛

有泛自闭症特性的孩子不善于想象对方的感受，有时会让人觉得他们很任性，但这是大脑功能障碍所致，并不是他们故意要那么做。由于这种特性，他们无法想象"自己做了这样的事，对方会觉得怎么样"。

有时服装仪容很邋遢

以别人的眼光检视自己，这有个专业术语叫做"后设认知（Metacognition）"。有泛自闭症特性的孩子不太能理解眼睛看不到的事物，因此，他们无法想象"这样的服装仪容，对方看了会觉得怎么样"。也可以说，他们不太会害羞。

对触觉过敏的孩子会不想洗澡，总是穿同一件自己觉得舒服的衣服。

父母以及孩子周围的大人要适时帮孩子梳头发、换穿干净的衣服，以免孩子变得很邋遢。另外，为了让这类孩子与周围的人建立良好的关系，父母要教导他们保持仪容整洁，这点非常重要。

心智理论

理解、推测对方心情的能力，称为"心智理论"。"莎莉-安妮测试"能够了解孩子是否有为对方着想的能力。

莎莉-安妮测试

1 莎莉和安妮一起玩。

2 莎莉把娃娃收进箱子，走出房间。

3 安妮把莎莉收进箱子的娃娃拿出来，放进自己的篮子里，接着走出房间。

4 莎莉回到房间。

那么，莎莉如果想玩娃娃，会从哪里找起?

从篮子里找	从箱子里找
内心理论可能尚未形成	内心理论已经形成

虽然不能只靠这个结果做判断，但有泛自闭症特性的孩子，确实有时因为内心理论尚未形成，无法解读对方的心情。不过，我们必须试着去想象泛自闭症孩子的内心。

无法同时进行多件事

有泛自闭症特性的孩子，一次只能做一件事，而且也不太会转换注意力。

没办法同时做各种事

同时处理多种信息，对我们来说是很自然的事。例如，上课时边看黑板上的字，边将内容抄在笔记本上，还能同时听老师讲课。但有泛自闭症特性的孩子无法边看边听，同一时间进行多件事：用耳朵听别人说话时，眼睛很难接收信息；用眼睛阅读书本时，耳朵很难接收信息。

另外，这类孩子很擅长专注于单一事物。例如，老师说"接下来我要把重点写在黑板上，你们要仔细看"，接着又说"请把黑板上的字抄进笔记本里"，因为要做的事是分开的，所以这些孩子能顺利完成。他们没办法同时做多件事，就算练习也克服不了，所以父母要好好鼓励孩子发挥自己擅长的能力，给予必要的协助也很重要。

不懂如何转换注意力

有泛自闭症特性的孩子在做其他事的时候，无法顺利"转换注意力"。比如，对正在专心玩玩具的孩子说"我们去散步吧"，孩子没办法立即反应，有时会漏听"散步"这部分。这样的特性在日常生活中，容易给人"不专心"的印象。

我们去散步吧？

……去哪里？

突然跟孩子说话，有时他们会漏听

难以掌握模糊的空间、时间

"一个场所只有单一用途"，对有泛自闭症特性的孩子来说，这是最安心的状态。因此，当同一间教室出现其他用途，他们就会感到非常混乱。

"单一用途"才安心

因为学校空间有限，教室需具备各种用途：上课、吃午餐，下课时间变成玩耍的地方，体育课又变成换运动服的更衣室。但一般人并不在意，就算是相同场所，也会根据时间或场合改变用途，这点大家都能理解。而且根据过往的经验，我们也知道上课时不能在教室吃东西或玩耍。

用途太多、孩子会感到混乱

可是，有泛自闭症特性的孩子一般不能理解眼睛看不到的事物，也不能把过去的经验形成概念。因此，当一个场所出现多种用途时，而且没让他们看到"现在是要做什么"的话，他们会感到很混乱。

不懂得"结束"

有泛自闭症特性的孩子虽然懂得看钟表的刻度，对于明确的时间却很难掌握。所以，就算告诉他们"这节课上到几点几分"，因为没有正确的时间意识，有时孩子会认为现在进行的活动会永远持续，因而觉得不安和恐慌。此时，我们必须让孩子亲眼看到"变成怎样就代表结束"，例如画幅和教室时钟一样的图，并画出结束的时间。

全身运动或手指不灵活

有泛自闭症特性的孩子，因为大脑的指令无法顺利传给身体，所以日常生活中会出现动作不灵活的情况。

有时身体动作会显得不灵活

有泛自闭症特性的孩子，由于大脑的指令无法顺利传至手脚，所以有时会显得动作不灵活。

就好比我们听了很多专业歌手的歌，并不代表我们的歌喉就会变好。换言之，我们看到或听到什么，不见得就能够办到。走、跑、坐、维持姿势等，我们在日常生活中会不自觉地作出一些动作，有泛自闭症特性的孩子对这些常常表现得不灵活。

有时身体感觉薄弱

有些孩子不了解身体的底线，或是手指、脚趾的感觉薄弱，所以不知道嘴巴在脸上的哪个位置、哪个范围是自己的脚、哪里是地板。这种感觉就类似我们去治疗牙齿，牙龈被麻醉后，用手摸嘴巴周围都没有感觉。

有些孩子待在背部或手臂会被挤压到的狭窄空间感到很自在，这或许是不了解身体意象（身体底线）所致。

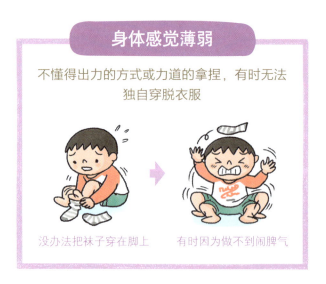

身体感觉薄弱

不懂得出力的方式或力道的拿捏，有时无法独自穿脱衣服

没办法把袜子穿在脚上　　有时因为做不到闹脾气

隐藏性偏执

有些孩子看似没有偏执的倾向，其实有时是为了回避预期外的变更造成的不安或紧张而严格执行记住的规则。

因为无法"一如往常"而察觉到特性

遇到预料外的变化或未预想到的事情，谁都会紧张，有泛自闭症特性的孩子没办法发挥想象力，克服对未来的不安，所以更容易感到不安或紧张。

因为无法预测而感到不安，于是有泛自闭症特性的孩子会严格遵守各种规则，确认情况"一如往常"，这是让他们安心的重要方法之一。

有时，他们比其他孩子更早培养打理仪容、整理打扫、帮忙做事等习惯，其实是因为他们喜欢"一如往常"，希望"一如往常"的偏执在别人眼中变成好习惯。

好习惯会融入日常生活，因此就算是强烈的偏执，乍看之下却不觉得是偏执。但当家里的浴缸坏了，父母才发现孩子对洗澡存有偏执；门锁坏了（门关不起来），父母才知道孩子执着于关门这件事；去餐厅吃饭，即使食物的分量超了，孩子还是坚持吃完。

相较于那些养成独立良好习惯的孩子，他们就算在公共场合仍穿着不合宜的休闲服装，日常生活邋遢懒散，让人以为他们对事物没有偏执，但其实他们对某些规则相当坚持。

吃不完没关系啦。

看似良好的习惯，其实是偏执使然

不同的社会互动表现方式

同样是有泛自闭症特性的孩子，社会互动的表现方式仍然各有差异，有些孩子的特性并不明显。

形形色色的孩子

同是具有自闭症特性的孩子，显现方式是有差异的，虽然看起来不一样，但基本部分有连续性。基于这种概念，英国的精神科医师罗娜·温恩主张，典型自闭症、阿斯伯格综合征、轻度自闭症是"泛自闭症（连续体）"。

有泛自闭症特性的孩子，特性的显现方式各不相同。有些孩子的特性很明显，有些却看不出来。

社会互动的表现方式大致分为 3 种

孤立型

孤零零

叫了也没反应，自己玩得很投入，仿佛身边没有任何人。常见于幼年时期，随着成长，有时会转换成被动型或积极型。

被动型

笑脸迎人

有人找就会一起玩，因为个性温顺，是很难看出有泛自闭症的类型。经常受到周围不合理的要求，容易积累压力。

积极型

长篇大论

积极与他人互动的类型。勇敢大胆、很亲近人，但有时会说出失礼的话，或是自顾自地说个不停、反复追问。

有时会同时出现注意缺陷多动障碍和学习障碍的特性

有泛自闭症特性的孩子，有时会同时出现注意缺陷多动障碍和学习障碍的特性。别太在意诊断名称，给予适当协助才是重点。

多种发展障碍重叠的情况

在有泛自闭症特性的孩子中，有些可能会有"冲出教室""无法安静听人说话""说话激动""破坏物品""经常忘东忘西"等注意缺陷多动障碍的特性，或是出现"不会读字""不会写字""不会计算"等学习障碍的特性。

泛自闭症、注意缺陷多动障碍、学习障碍等发展障碍并无明确的界线。各种发展障碍都有连续性，而且重叠部分很多，有时难以诊断。

不受制于诊断名称的协助很重要

如果太在意泛自闭症这个名称，对孩子的适当协助会被延误。发展障碍的协助无法标准化。就算诊断名称里没有注意缺陷多动障碍或学习障碍，仍要好好陪伴孩子，了解孩子目前有何烦恼，才能减缓他们的痛苦。当孩子静不下来或健忘等情形很明显，或是有不擅长的特定科目时，父母耐心且持续给予具体的关怀或协助很重要。

数种发展障碍的特性有时会合并出现

泛自闭症的诊断方式

泛自闭症是不易通过抽血、图像诊断等发现异常的障碍。
医师会以孩子就诊期间的情况等作为线索，对照诊断基准进行诊断。

仔细观察孩子的情况，询问父母

医师在诊断期间与孩子对话时，会从他们的反应、回话的内容、是否理解问题的含义、有无眼神交流等进行确认。

然后，医师会向平时最常和孩子接触的父母等亲人，询问孩子的成长历程，平日在家的情况，在托儿所、幼儿园或学校的情形，符合年龄的自立行为能做到怎样的程度，目前担心的事，与其他孩子的不同之处等，这些都会成为参考依据。在第一次去诊疗时，父母多半是非常紧张，会将在意的事项列下来，一起带去。注意，妈妈手册、相册、育儿日记或联络簿等可当作了解孩子成长过程或平日状况的线索，能够让医师作为诊疗的参考。

第一次去诊疗难免会紧张，可先将在意的事列出来，交给医师参考用

注意缺陷多动障碍或学习障碍的诊断方式与泛自闭症的诊断方式相同，以观察孩子、收集与孩子成长有关的信息为主。

教养，从读懂孩子行为开始

对照诊断基准，进行确认

在进行诊断时，医师将孩子在就诊期间的情况以及父母的谈话当作线索，然后与诊断基准对照。主要使用的诊断基准是美国精神医学学会制定的《精神障碍诊断与统计手册》（DSM）。有时也会用世界卫生组织制定的"国际疾病伤害及死因分类标准第十版（ICD-10）"。

有时会进行智力测验或发展评量

不过，判断是否符合诊断基准并不容易。泛自闭症所显现的特性依程度有很大的差异，单凭一次的诊疗无法看到所有特性。借由多次的面谈，经过一段时间的观察才能确定诊断名称是很常见的事。

重要的是，接纳孩子的一切。诊断名称只是孩子的一部分，并非全部。得知孩子的诊断名称后，请参考"孩子被诊断出有发展障碍时"的内容，思考怎么做会让孩子的生活好一些。

关于DSM

- DSM是由美国精神医学学会出版的《精神障碍诊断与统计手册（The Diagnostic and Statistical Manual of Mental Disorders）》。
- 2013年5月将以前的DSM4版（DSM-IV-TR）修订为5版（DSM-5）。泛自闭症主要的变更如下：
  · 重度自闭症及阿斯伯格综合征皆列入泛自闭症。
  · 用于诊断的项目从多轴向评估缩小为社会性的沟通障碍与限定的乐趣或反复行为。

自闭症障碍的诊断基准（DSM—IV—TR）

A （1）（2）（3）的符合项目合计6项（或6项以上）。但必须（1）至少有2项，（2）及（3）至少各1项

（1）人际互动反应上有质的障碍，以下至少符合2项才算明确。
    a. 相互注视、脸部表情、身体姿势、肢体动作等，在各种调整人际互动反应的非语言行动的使用上有显著障碍。
    b. 无法建立符合发育水平的同伴关系。
    c. 不会主动与人分享嗜好、兴趣、成就感（例：不会主动让别人看自己有兴趣的东西，或是拿给对方、指给对方看）。
    d. 缺乏人际或情绪上的互动。

（2）沟通上有质的障碍，以下至少符合1项才算明确。
    a. 口语能力发展迟缓，或是完全缺乏这方面的能力（也不会试图利用肢体动作或模仿动作般的沟通方式来补救）。
    b. 话多，但在与他人开始并持续对话的能力上有显著障碍。
    c. 反复刻板的语言使用，或是说独特的语言。
    d. 很少玩符合发育水平、充满变化的自发性角色扮演游戏，或是具社会性的模仿游戏。

（3）行动、兴趣及活动上，呈现限定反复的刻板模式，以下至少符合1项才算明确。
    a. 强度或依对象有异常的情况，对单一或多个限定的兴趣着迷。
    b. 对非特定机能的习惯或仪式，有着某种强烈明显的偏执。
    c. 刻板反复的癖性运动（例如，甩手或折手指，或是复杂的身体动作）。
    d. 对物体的某部分持续偏爱。

B 3岁前，在以下的领域开始出现至少1项的功能迟缓或异常

（1）人际互动作用。

（2）人际沟通使用的语言。

（3）象征性或想象性的游戏。

C 这个障碍无法用蕾特氏症或儿童期崩解症完整说明

※蕾特氏症（Rett Syndrome，RTT），在4岁前就能诊断的重度智能障碍。孩子头围变小（小头症）、步行困难。

※儿童期崩解症（childhood disintegrative disorder，CDD），出生后的数年内发育正常，之后才出现自闭症症状的少见障碍。

出处：《DSM—IV—TR 精神障碍诊断与统计手册》（医学书院）高桥三郎等人译，2004年。

通过健康检查发现特性的情况

政府会对婴儿、1岁6个月及3岁幼儿施行健康检查。健康检查是以"适时发现（在出现发展障碍特性的时期适当检出）"的观点，针对可能有发展障碍特性的孩子，进行专业医师的诊疗或是地方医疗机构的治疗。

近年来，除了此类健康检查，越来越多的地方政府在5岁儿童就读小学前，对其施行健康检查。这么做是因为在3岁幼儿的健康检查后，孩子在托儿所或幼儿园等场所的团体生活机会增多，轻度的泛自闭症或注意缺陷多动障碍、学习障碍等的特性会明显，容易被发现。

假如在未发现发展障碍特性的状态下开始小学生活，孩子在学习方面会出现迟缓现象，无法集体行动，甚至成为被霸凌的对象。孩子与家人都会感到困惑、失去自信，觉得痛苦。

为了改善这样的状况，越来越多的地方政府施行"5岁儿童健康检查"。只要周围的人深入了解孩子的特性，给予适当的协助与关怀，发展障碍的特性就会变得不明显。入学前的新生健康检查，有时可以发现发展障碍的特性。不过，诊断需要时间，所以治疗也会被延迟。"尽早发现"对父母来说，在理解孩子的特性上有充裕的时间，也比较容易协调学校生活的协助与支援体制。

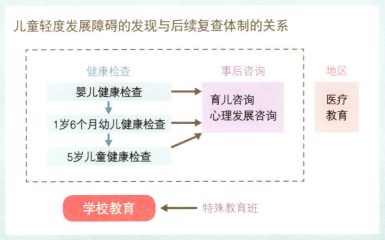

儿童轻度发展障碍的发现与后续复查体制的关系

健康检查	事后咨询	地区
婴儿健康检查	育儿咨询 心理发展咨询	医疗 教育
1岁6个月幼儿健康检查		
5岁儿童健康检查		

学校教育 ← 特殊教育班

本图根据"轻度发展障碍儿童的发现与治疗手册"制作而成

应对与协助的重点

就像所有的发展障碍一样，泛自闭症的特性无法完全治愈。
但只要周围的人给予适当的应对与协助，就能减少孩子的痛苦。

去洗手！

重点

对话时，表达方式简洁、一致

有些孩子常将听到的话照字面解释，对于拐弯抹角的说话方式或惯用句等，容易感到混乱。所以要"慢慢地用简短的话具体传达"，若是重复相同的指示，表达方式必须一致。

重点

准备让孩子能够安心的环境

对听觉敏感的孩子会一直被看得见或听得见的事物影响。为避免分心，准备毫无装饰的安静空间，尽可能一个场所只用于单一用途。

学校

点心

看起来好清楚！

重点

通过视觉传达活动的流程

对于有些许变化就会感到不安的孩子，能够预测事情的走向会让他们安心。此外，比起声音，他们对文字或图像比较容易理解。所以用图画或照片展示预定的活动，他们能安心参与。

重点

活动段落的明确化

缺乏时间概念的孩子不懂需要多长时间才能完成任务，而知道"何时是结束"，例如告诉他们"写完两张试卷就结束了"，像这样以看得见的方式传达活动结束的指示，他们才会安心。

教养，从读懂孩子行为开始

你好棒啊！

重点

让孩子乐在其中

对于兴趣、关心范围小的孩子，利用其关心的事物进行教导也是一种方法。例如，对于喜欢公交车的孩子，把公交车结合数学题目让他练习。逐项进行，"完成了"的成就感会增强孩子的斗志。

重点

恐慌发作时，冷静应对

孩子恐慌发作时，尽量别将注意力放在恐慌这件事上，带他去安静的场所，等他冷静下来。等到恐慌停止，称赞孩子"你很努力"。要保持"不骂、不妥协"的态度。

等一下来试试弹跳床吧！

重点

帮助孩子扩大兴趣范围

如果孩子总是玩相同的游戏，不要制止他，而是当他在玩游戏时，引导他去玩别的游戏。假如他不愿意，千万别勉强，这点很重要。慢慢扩大感兴趣的范围，能够帮助孩子理解广大的世界。

重点

适合孩子的诊疗

减缓泛自闭症特性的诊疗方式很多，其中比较具有代表性的包括结构化教学法、感觉统合治疗、应用行为分析等，可由专业人士提供具体建议。

关于阿斯伯格综合征

虽然阿斯伯格综合征已列入泛自闭症，本章要介绍的是阿斯伯格综合征的特性。

没有语言发展迟缓的症状

阿斯伯格综合征已被列入泛自闭症。但有些有阿斯伯格综合征的孩子能够使用语言进行基本沟通，智力发展没有迟缓（智商70以上），学童时期难以察觉障碍。此外，因为我行我素，有时会让人产生"想做就做得到，难道是故意不做""是不是故意没礼貌"的误解，孩子本身也经常因为"为什么无法和朋友亲近""为什么老是惹人生气"而烦恼。

近年来受到关注的发展障碍

阿斯伯格综合征于1944年由奥地利儿科医师汉斯·阿斯伯格（Hans Asperger）提出。其论文中提到的孩童特征与美国精神科医师利奥·肯纳所报告的"自闭症"有许多相似点，但在语言沟通及智商这两点有差异。

Q 阿斯伯格综合征与高功能自闭症有何差异？

A 高功能自闭症的特征是智商70以上、智力发展没有迟缓，但语言发展有迟缓。这点和阿斯伯格综合征有区别。不过，如前文所述，本书主张的阿斯伯格综合征与高功能自闭症基本上和泛自闭症一样，是有连续性的障碍。

有关阿斯伯格综合征的论文，早在第二次世界大战时就以德语发表，但因肯纳医师关于自闭症的论文是英语版，更先、更快受到了世人的关注，使得阿斯伯格综合征长久以来被忽略。

直到1981年，英国精神科医师罗娜·温恩在其论文中介绍了阿斯伯格综合征，论文中介绍肯纳医师的自闭症定义不够严谨，仍有孩子需要与患自闭症孩子相同的协助，于是社会大众开始了解阿斯伯格综合征的存在。

有些孩子语言发展快速

在泛自闭症中，一些有阿斯伯格综合征特性的孩子没有语言发展迟缓的症状，懂得用艰深的词汇，说话方式成熟。

独特的说话方式

在泛自闭症中，有阿斯伯格综合征特性的孩子语言发展并没有迟缓，有时甚至更快速。他们说话时的表情、音调或节奏没问题，却会使用令人感到惊讶的艰深词语，或是爱讲道理，有着不符合年龄的成熟的说话方式。

他们说话的内容很有条理，但感情的表现只有单一模式，或是对任何事情都坚持分出是非对错。此外，若是自己想说的事，他们会不分时间和场合说个不停，不给对方回话的余地。他们对别人缺乏关心，有时对方改变话题或打断自己说话就会生气。

可是，这样的行为并非自私，也许是他们不想省略想说的话，想完整顺畅地表达出来。

说清楚讲明白，孩子才能听得懂

在泛自闭症中，有阿斯伯格综合征特性的孩子不懂拐弯抹角或比喻式的表达，也不太会从表情、语气、动作等方面解读对方的情绪，但同时，他能将听到的话按照字面的意思理解。因此，有想对他传达的事情时，要尽量说得简短、直接，使他更容易听懂真实的意图。

喜欢与大人对话

比起同龄的孩子，他们更喜欢与大人对话。因为大人会配合自己，让他们感到没有压力。

诊断上已不见"阿斯伯格综合征"

日本于2005年施行的"发展障碍者支援法"使用了"阿斯伯格综合征"一词，后来该词变得广为人知。不过，在2013年5月修订的美国精神医学学会诊断基准《精神障碍诊断与统计手册》（DSM-5）中，没有出现"阿斯伯格综合征"这个名称。

第 4 章

认识注意
缺陷多动障碍

注意缺陷多动障碍（ADHD，旧称"儿童多动症"）

因为大脑功能障碍，孩子总是动来动去、静不下来，一再被提醒却依然故我，有时甚至突然作出冲动的行为。

3种主要症状

ADHD是Attention deficit hyperactivity disorder的缩写，中文名称为注意缺陷多动障碍。

注意缺陷多动障碍有3种主要特性：多动（活动量过多）、不专心（注意力涣散）、冲动（自制力弱）。因此，孩子总是动来动去、静不下来，一再被提醒却依然故我，有时甚至突然作出冲动的行为。孩子未满7岁前，如果在托儿所、幼儿园、家中等两个以上的生活场所出现上述症状达6个月以上，可能就是注意缺陷多动障碍的表现。

不过，这3种症状不会同时全部显现。有时候出现强烈的多动症状，或是其中两种症状以类似的程度显现。

注意缺陷多动障碍的主要特性

虽然有3种主要特性，
但并非3种都会同时显现。

活动量过多

自制力弱

注意力涣散

A&Q

Q 孩子为何会有注意缺陷多动障碍？

A 尚无特定的原因，目前最有力的说法是因为大脑功能障碍，造成多巴胺（一种脑内分泌物，可影响情绪。因为会传递快乐、兴奋的情绪，又称为快乐物质）这种脑内取得联系的"神经传导物质"不足，使得大脑控制多种功能的前额叶皮质无法好好发挥作用。

教养，从读懂孩子行为开始

孩子的个性开朗活泼

具有注意缺陷多动障碍特性的孩子，大多开朗活泼、易亲近人、情绪亢奋，总是以积极的态度为周围带来愉快的气氛。

但这样的优点一旦过度，将难以适应学校规则或社会制度。因为常被责备，孩子会丧失自信，陷入孤立状态。

一旦活力充沛或健忘等情况过了头、孩子与周围的人会变得处不来

孩子的内心很难受

曾经有个小学三年级的女孩，因为注意缺陷多动障碍的特性在班上受到霸凌。得知她的遭遇后，我说"他们真的好过分"，她却笑眯眯地回应"我都不理他们"，但挂着笑容的脸上，滚落了豆大的泪珠。具有注意缺陷多动障碍特性的孩子有时会露出这种"含泪带笑"的表情。

孩子告诉自己要坚强，但不知该怎样做的时候，那种无奈的心情就会化作"含泪的笑"。

父母与师长也很烦恼

维持情绪稳定、时时刻刻留意、不要着急、保持冷静……智力发展不迟缓的注意缺陷多动障碍的孩子，对于这种生活方式很难适应。一般人常误以为孩子是故意的，或者认为是缺乏管教、父母关爱不足所致。

其实，父母屡屡遭受"用心对待却苦无回应"的挫折。常与孩子接触的老师及相关人士也背负着周围人的期望，被要求"更细心地对待孩子"。

大人面对有注意缺陷多动障碍特性的孩子时得不到回应的那种心情，和有注意缺陷多动障碍特性的孩子那种无奈的心情是相同的。

注意缺陷多动障碍的特性无法靠努力或毅力获得改善，更不是责怪某人就能解决。深入理解孩子，给予充分协助与关心的环境才是必要之务。

无法静下来（多动）

无论在何种情况下，这类孩子总是动来动去，活力异常旺盛。多话也是多动症的表现。

开朗有活力的孩子

小孩子本来就好动，没办法长时间静静地待着。据说那是因为孩子心脏的功能尚未发育完全，流至下半身的血液无法顺利流回心脏，动来动去会活动脚部肌肉，借此将下半身的血液送回心脏。

"玩"也是如此。父母原以为孩子在很专心地玩，没想到他却在打电子游戏、看漫画、画图、玩玩具，不断地做其他事。但这可以说是孩子活泼健康的特征。

何谓有问题的"多动"

那么，"有问题的多动"指的是什么呢？与同龄的孩子比较时，这就会很明显。有注意缺陷多动障碍特性的孩子，缺乏随机应变的能力，不会视情况变化而调整自己的行为。

无论在何种情况下，他们会一直动个不停（身体的多动），无法自行控制说话（口部的多动）；即使花时间不断告诉孩子"上课要乖乖坐在位子上"，仍然不太能改善，周围的人大多不能理解那样的行为是注意缺陷多动障碍的特性。

多动的症状不光是不动就无法安心，有时是身体无意识地动起来，孩子本身是无法控制的。因为是"来自大脑正确指令的自然反应"，当孩子听到"安静待着"，就像是听到"不要呼吸，待在那儿"。他们可以保持极短时间的安静，但会觉得非常吃力。

令人在意的情况或行为

可能会有以下的情况或行为

坐不住

- 上课时走来走去
- 看到有兴趣的事物，立刻起身移动
- 坐着却心神不定
- 姿势不良

还在上课呢，快坐好。

一开口就停不下来

- 自顾自地说个没完
- 说话内容不时改变
- 就算在上课，想到什么就说（也算是"冲动"）
- 插话、打断老师的话（也算是"冲动"）

我跟你说啊……

有些孩子是因为遇到不好的状况而静不下来

　　有些孩子只在特定的场所（如学校或家里）才会变得静不下来。DSM诊断基准中有这样的解释："该特性出现在两个以上的生活场所。"由此看来，也许确实是注意缺陷多动障碍。但通常这样的孩子无论在家或在校都受到妥善的协助，所以不会被当作有问题。

　　常被当作有问题的是在校或在家突然变得静不下来的孩子。诊断基准中有这样的说明："该特性持续6个月以上。"这种情况或许是因为在校或在家有令其不安的事情，父母必须调查孩子在校或在家是否被压迫，或是遭受不当的对待（如虐待等）。

健忘、注意力无法集中（不专心）

注意力薄弱，无法在一定时间内对某个事物保持专注。有些孩子经常忘东忘西。

何谓"有问题的不专心"

孩子越小，注意力越薄弱。年纪小的孩子常会冲到马路上，或是在超市等场所迷路。孩子一有挂心的事（例如和朋友吵架、被骂得很惨、弄丢重要的东西等），就会满脑子都在想那件事，无法专注于眼前的事，变得心不在焉。

健忘也是孩子的特征。年纪越小的孩子，越容易被新奇的事物吸引。每天都充满好奇心的孩子，假设某天他很努力地专注于喜欢的事或讨厌的事，因而受到称赞。那种愉快的经历一再发生，孩子注意力集中的时间就会慢慢增加。此外，孩子也会记住失败或被警告的经验，进而提醒自己"下次要小心"。

那么，"有问题的不专心"指的是什么呢？例如，有注意缺陷多动障碍特性的孩子"很难在一定时间专注于一件事，注意力不持久""容易因为外界的刺激分心""健忘或经常弄丢东西"，这些症状持续6个月以上的话，可能就是"有问题的不专心"。

注意缺陷多动障碍的不专心并非努力不足。其实孩子非常努力，所以经常为了"为什么我会分心""为什么老是忘东忘西"而烦恼。有时会因为敏感出现注意缺陷（attention-deficit）的情况，有些被诊断为注意缺陷多动障碍的孩子，部分特性与泛自闭症的特性重叠。

令人在意的情况或行为

可能出现以下的情况或行为

忽略细节

- 写错字的笔画或部首。
- 写作文会漏字。
- 做计算题时，会算错或忘记进位等。

容易因为外界的刺激分心

- 对声音等会立即反应，无法专注于眼前的事。
- 时而专心、时而分心，没办法在一定的时间集中注意力。
- 注意力集中的话，有时听不到别人说话，不喜欢被中途打断。

总是在发呆

- 兴趣、关心的范围小，经常在思考自己喜欢的事，看起来心不在焉。
- 缺乏对他人的兴趣、关心，容易让对方感到被忽视。

弄丢必要的物品

- 把铅笔盒、室内拖鞋、乐器等必要的物品忘在某处。
- 铅笔或橡皮擦等弄丢好几次。
- 忘记东西放在哪里。

啊，我忘了带运动服！

了解孩子的工作记忆

工作记忆是前额叶皮质的重要作用之一，有暂时保留工作或动作的必要信息并加以活用的功能，又称短期记忆。

生活与学习上不可或缺的功能

人与人对话时，因为暂时记住了对方说的话，会予以回应。像这样暂时保留必要的信息并且活用的大脑功能称为"工作记忆"。这个功能在无意识的状态下持续作用，支持我们所有的判断与行为。当工作记忆无法顺利发挥作用时，容易出现不合时宜的行为或健忘的情况，导致生活或学习方面的困难增加。部分有注意缺陷多动障碍特性的孩子，工作记忆无法顺利发挥作用。"为什么我老是失败？"，孩子虽然对此感到很烦恼，但被提醒后还是很难改善，有时孩子会因为经常被责备而丧失自信。

明天要带书法用具来哦！

上课时不能随便走动……

假设在家里……

如果隔天必须带书法用具，但是工作记忆没有好好发挥作用，大脑无法保留"要带书法用具去学校"的信息，孩子很容易就会忘记这件事。

假设在教室……

孩子无法保留"上课时要坐好""安静听老师讲话""上课时不能随便走动"之类的信息，于是出现起身走动、说话等不合时宜的行为。

教养·从读懂孩子行为开始

思考前已经展开行动（冲动）

有些孩子难以控制自己的感情或欲望。即使孩子有自己的理由，别人也会觉得那是很突然的行为。

无法控制感情或欲望

"冲动"容易使人联想到"突然施以危害的行为"，这似乎不太恰当。其实，强烈的"冲动"是指无法控制自己的感情或欲望。

以"冲动消费"为例，或许比较好理解。冲动消费时，很难会有"还是算了"的想法。因为想要，所以就买了。同样地，有注意缺陷多动障碍特性的孩子，无法抑制自己的感情、语言和行动，因此别人会觉得他们的行为很突然。

令人在意的情况或行为

可能会有以下的情况或行为

没办法排队等待
- 因为很想做，所以忽视规则。

想到什么，马上就做
- 看到有兴趣的东西就想去动。

不会安排优先级
- 无法拟定计划。

想到什么，马上就说
- 没被点名却自行回答。
- 知道的事非得说出口。
- 在沉思的状态下说漏嘴。
- 不排队、插队。

喜怒哀乐的反应激烈

无法控制自己的感情或欲望，也可说是喜怒哀乐的反应很激烈：高兴时大声欢呼；自己想做的事被制止或打断，就会闹脾气。如果这样的行为经常出现在团体行动中，因为想做什么就做什么，有时会被周围人孤立。

5、5，答案是5！

老师又没有叫你……

女孩的注意缺陷多动障碍特性不明显，很少会有妨碍上课的行为，因此有人认为女孩的注意缺陷多动障碍不易发现。

由于特性不明显，导致经常延迟协助

相较于男孩，有注意缺陷多动障碍特性的女孩，特性不容易显现出来。男孩的特性是活泼外向，女孩虽然也很健谈，但多半害羞内向、爱幻想，看起来总是"心不在焉"。但这种态度并不明显，加上很少给周围的人添麻烦，所以经常延误协助。若孩子有令人在意的情况，仔细观察她是为了什么而烦恼，给予适当的协助。

有注意缺陷多动障碍特性女孩的特征

- 上学前的准备要花很多时间。
- 在教室里，容易因为其他学生的行为分心。
- 听到有人轻敲铅笔，或是在附近嚼口香糖，容易感到烦躁。
- 听到房间里时钟的滴答声或是窗外的鸟叫声等细微的声音就会分心，没办法写作业。
- 希望老师能够知道，自己必须非常努力才能把事情做好。
- 有时会被老师严厉责备，但不知道为何被批评。
- 被父母告诫要更认真努力。
- 缺乏对时间的正确认识。
- 书包里很脏乱。
- 不想去人多拥挤的商场。
- 和父母外出购物时，总是被告诫"不要跑太远"。
- 为了找忘了拿的东西，要花很多时间。
- 被父母说是很有创造力的孩子。
- 教室里发生某件事，同学都笑得很开心，自己却不知道"笑点"，显得格格不入。
- 不知道女生朋友疏远自己的理由。
- 写作业时，就算父母没辅导她写作业，只要陪在身边就够了。
- 有时会忘记吃饭。
- 有时会讨厌洗澡。
- 就算父母说该上床睡觉了，一点都不觉得累。
- 要花很长的时间才会睡着。
- 可以独自打好几个小时的电子游戏。
- 到了吃饭时间，总是说肚子不饿。
- 就算说马上就做，父母也不相信。
- 想加入团体，却不知道怎么做。
- 班上大部分同学都做完作业了，自己还在做。
- 经常幻想。
- 无法专心听老师讲话，或是不听。
- 因为不懂问题的意思，在班上觉得很丢脸。
- 学校生活不愉快。
- 在同学面前觉得害羞。
- 就算有话想说，也无法积极说出口。
- 很难主动写作业。
- 觉得专心看书非常难，即便只有两三分钟。
- 虽然是已经会的题，考试时却不会做。
- 该做的事总是拖到最后才做。
- 迟交作业。
- 忘记把写作业要用的书带回家。
- 不会把要写作业的事记下来。
- 比起其他孩子，内心似乎很容易受伤。
- 学校生活中，很多事都觉得丢脸。
- 老是想哭。
- 体育方面不擅长。
- 不喜欢和其他女生竞争。
- 好像没有擅长的事。
- 无法保持桌面干净整齐。
- 常被父母数落房间很乱。
- 被父母骂很懒散。
- 忘记父母说过的话，令父母感到不悦。
- 经常腹痛。
- 经常头痛。
- 经常迟到。
- 经常赶不上交通工具。
- 早上很难起床。

根据田中康雄《迈向ADHD的未来》（星和书店）附录3（Nadeau, K.G.：Understanding Girls with ADHD. 11th Annual CHADD International Conference. Washington, DC. 1999）节录改编

注意缺陷多动障碍的并发性问题

注意缺陷多动障碍的症状很大程度上受到环境的影响。有时自尊心受损或自我贬低会造成孩子出现抑郁症或不良行为等情况。

产生恶性循环的背景

注意缺陷多动障碍的特性造成的言行举止，会被误解为是孩子任性、努力不足或父母管教不当所致。周围的人责备孩子、要求孩子严格练习，或许是出于善意。但父母如果经常否定孩子，就会深深伤害他们的自尊心。父母对孩子的特性缺乏关心、误解的应对方式，重挫了孩子的自尊心，引发他们拒绝上学或足不出户等不良行为，甚至出现抑郁症等并发性障碍的例子也不在少数。

孩子令别人困扰的行为也是"来自大脑正确指令的自然反应"，并非故意这么做。因此，为了避免孩子失去自信，在适合其特性的环境中，必须为孩子制造成功的机会，不断告诉他"我很爱你""你很重要"。

包含注意缺陷多动障碍在内的发展障碍，因为个性鲜明，孩子很难对周围的人妥协和忍让，所以人际关系不易建立。人际关系基于互相体谅、有包容性的一方应该主动接近对方。另外，不要责怪有注意缺陷多动障碍特性的孩子身边的人，具体思考孩子为了什么而烦恼，如何做才能解决他的烦恼，这才是重点。

避免孩子失去自信，陪伴支持很重要

注意缺陷多动障碍的诊断方式

注意缺陷多动障碍是不易通过抽血、图像诊断等方式发现异常的障碍。
医师会根据孩子在就诊期间的情况等为线索，对照诊断基准进行诊断。

仔细观察孩子的情况，询问父母

基本上，医师对注意缺陷多动障碍的诊断方式和泛自闭症的诊断方式相同：仔细观察孩子的情况，详细询问最常和孩子接触的父母等亲人；然后以这些为线索，对照诊断基准进行诊断。主要使用的诊断基准是美国精神医学学会制定的《精神障碍诊断与统计手册》（DSM），有时也会用世界卫生组织（WHO）制定的"国际疾病伤害及死因分类标准第十版"（ICD-10）。不过，判断是否符合诊断基准并不容易。

有时无法立刻确定诊断名称

每个孩子都会有注意缺陷多动障碍的特性，也许是成长过程中的失衡引起的短暂现象，也许由大脑功能障碍造成，年纪越小的孩子越不太容易诊断这点。此外，有些孩子遇到特定状况会变得静不下来。因此，有时无法立刻确定诊断名称，必须借助多次的面谈，经过一段时间的观察才能确诊。但诊断名称只是让孩子接受必要协助的线索，无论有无名称，我们都必须思考孩子需要怎样的协助。

关于DSM

- DSM是由美国精神医学学会出版的《精神障碍诊断与统计手册》（The Diagnostic and Statistical Manual of Mental Disorders）。
- 2013年5月将以前的DSM4版（DSM-IV-TR）修订为5版（DSM-5）。注意缺陷多动障碍主要的变更如下：
  · 和泛自闭症一样，分类为神经发展障碍（Neurodevelopmental Disorders）。
  · 与泛自闭症并存。
  · 发病年龄从7岁前延后至12岁前。

给予孩子应对与协助时的重点

就像所有的发展障碍一样，注意缺陷多动症障碍无法完全治愈。不过，只要周围的人给予适当的应对与协助，就能减缓孩子生活的痛苦。

注意力上的协助

重点

父母一起确认必要的物品

孩子很难主动想到"不要忘记带东西"。父母和孩子一起确认课程表或随身携带物、联络簿的记录等，陪同他们整理准备。为避免孩子忘记带东西，反复且有耐心地告诉孩子很重要。

重点

减少刺激

看得见或听得见的事物时常刺激着孩子。为避免孩子分心，为他准备毫无装饰的安静空间。不让孩子觉得腻烦很重要，比如可以偶尔改变姿势，不必一直保持相同的坐姿等。

多动方面的协助

重点

让孩子负责某些工作

上课时让孩子帮忙发讲义，像这样让他负责可以活动身体的工作。为避免他擅自行动，行动时要团体行动，可以让他负责确认人数等。

重点

设定自由活动的时间

如果静不下来，与其压抑孩子的多动特性，不如给他"可以活动的保证"。比如上课做练习题时，偶尔设定短暂的休息时间，或是"刻意安排事情"，让孩子离开教室。

113

冲动方面的协助

啊！
是可丽饼店！

不要跑，慢慢走就好。

重点

适时提醒孩子

因为缺乏自制力或感情控制力，孩子有时会"急踩刹车"。在孩子行动前传达正确的行为指示，如父母适时提醒他"要排队呀"，可以减少可能发生的混乱。

重点

不焦躁，保持宽容的心

如果不是会导致孩子受伤、发生意外的行为，为了避免孩子失去自信，父母有时要试着忽略小事。深呼吸，以宽容的心守护孩子。

情绪不稳方面的协助

你做得很好啊！

好厉害！

重点

增加成功体验

孩子受到称赞会成长、进步。当他完成了某件事，或是有好的表现时，当场在大家面前夸赞他。受到周围人的认同，"我做到了"的体验将会转化为自信，激发孩子"继续做"的意愿。

重点

以一对一的方式告诫孩子

在告诫孩子时，尽可能在其他孩子看不到的地方简短告知。这么做可以防止周围的人对孩子产生负面评价，孩子也不会自卑。

教养，从读懂孩子行为开始

第 **5** 章

认识学习障碍

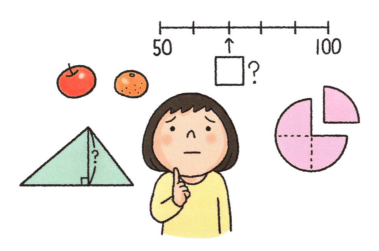

什么是学习障碍（LD）？

虽然没有智力发展迟缓的情况，努力学习却未见成效，在学习上的擅长与不擅长有着明显差异。

学习上有部分的困难

LD是医学定义的Learning Disorders以及教育定义的Learning Disabilities的缩写，两者皆为"学习障碍"之意。

不过，医学定义与教育定义仍有微妙的差异。医学定义的学习障碍只限"读、写、计算"这3个领域，诊断基准是用美国精神医学学会的《精神障碍病诊断与统计手册》（DSM）与世界卫生组织创立的《国际疾病分类》（ICD）。另外，教育定义的学习障碍除了前述的医学定义还加上了"听、说、推论（预测）"的领域。由于本书介绍的是广义的学习障碍，故将教育定义的范围也列入其中。

学习障碍的主要特性

学习上有部分的困难

听
说

读
写
计算
推论

医学定义

教育定义

学习障碍的官方定义

学习障碍是指有些孩子虽然整体智力发展没有迟缓，但在听、说、读、写、计算以及推论能力中，对特定事物的学习与使用出现显著困难的各种状态。

造成学习障碍的原因，专家推断是中枢神经系统的某种功能障碍，并非视觉障碍、听觉障碍、智力障碍、情绪障碍等障碍，也不是环境方面的因素为直接原因的影响。

孩子并非不够努力

目前学习障碍的原因尚未明确化，很大可能是大脑的功能障碍所致。学习障碍的特性尽管幼儿期不易察觉，但上小学后就会开始显露出来。

有学习障碍特性的孩子无法将看见或听到的信息顺利传入大脑，因此会有"无法分辨教科书上的字""听不懂老师的话""看到黑板的字却不会抄下来"等情况。

他们的智力发展没有迟缓，但再怎么努力学习，在特定的学习上仍有困难，因此被周围的人误解为"障碍"。有学习障碍的孩子有着独特的想法与观点，如果父母不了解这一点而强迫其接受一般的学习方式，就会让孩子无法充分发挥能力。

随着年龄增长，孩子会越来越吃力

"某学科的进度慢了1到2年"是学习障碍的判断基准之一。孩子在入学后若无法尽早接受适当的协助，低年级时或许还勉强跟得上，但随着年龄增长就会觉得要跟上进度很吃力。

即便努力学习也未见成效，不明白问题出在哪儿，孩子因而丧失自信。

自尊心受损或自我贬低可能让孩子故意不念书，营造出我不是不会，只是"因为不念，所以成绩差"的假象，或是因自卑感、挫折感变得自暴自弃，导致并发性障碍。

思考学习障碍时，重点在于舍弃"学习只要付出努力就能获得相同成果"的误解。而且，不少有学习障碍特性的孩子，除了学习上有困难，还有沟通困难、运动不灵活等问题。

因此，了解孩子在学习上遇到怎样的困难，针对孩子的特性给予适合的方法或协助很重要。

Q 何谓智力发展迟缓？

A 智力是难以解释的问题，20世纪初出现了智力测验，人们得以了解自己的智力程度。智力测验有很多种，具有代表性的测验结果之一是"智商（IQ）"。以智商100为标准，基本上不满70就视为智力发展迟缓。但智商的数字只是帮助我们更深入地了解孩子、给予适当的协助，并不代表孩子的全部。

阅读或书写上有困难

有些孩子很会说话，却无法阅读；有些孩子阅读时没问题，书写上有困难。

阅读方面有困难的情况

部分有学习障碍特性的孩子，说话流畅却无法阅读教科书等印刷品里的文字。

阅读力是指"将文字转换为声音的能力"与"了解文字意思的能力"。假设看到"花开了"这个句子，我们可以顺利地读出来，也能立刻将"花开了"分成"花"和"开了"两个词语。可是，部分有学习障碍特性的孩子没办法将句子成分分开，阅读文章时有困难。

也许是视觉过敏所致

阅读困难的孩子如果视觉过敏的话，会出现"白纸黑字的对比强烈，看起来很刺眼""感觉字好像在摇晃"的情况。此外，因为无法同时做多件事，有些孩子没办法在用眼睛看字的同时理解意思。他们就算会读也需花很多时间，有些孩子在考试时会读不完题目。

书写方面有困难的情况

部分有学习障碍特性的孩子能读、能说，却写不好字。书写力是指将听到的声音写成文字的能力，懂得用字组合成词汇的能力。写字这个动作有3个步骤：①回想脑中记忆的文字；②大脑向手发出指令；③手写出文字。但是，如果这个过程的某个步骤出现偏差或所谓的癖性，孩子就很难写出正确的字。

另外，孩子不善于掌握空间的话，无法在笔记或考卷上写出大小适当的字；若是手指不灵活，没办法正确握笔，就写不出工整的字。

字写不好，孩子自己也很难受，有些孩子会装成会写的样子来克服不会写的窘况。

有些孩子不会抄黑板上的字

有些孩子觉得把黑板上的字抄成笔记很难。他们可能是读字或记字上有困难，想要找到目标文字，必须盯住黑板的某处。当工作记忆无法顺利发挥作用时，在目光从黑板移往笔记本的过程中，他们对于文字的记忆会变得模糊。

阅读上有困难的孩子令人在意的情况

- 无法照意思分段阅读，总是一个字一个字读（逐字阅读）。
- 不知道读到哪里，读的时候漏字或跳行。
- 把字形相似的字读错，例如"己"和"已"。
- 把拼音读错。
- 遇到不会的字就用想象力"乱读"。

书写上有困难的孩子令人在意的情况

- 把字形相似的字写错。
- 笔画写错。
- 把字的左右写反。
- 忘记写逗号（，）、句号（。）、顿号（、），或是写错位置。
- 容易写错字（少一笔、多一笔、写错部首等）。
- 字的大小不一。
- 不会写作文。

听或说有困难

有些孩子上课时听不懂老师说的话，或是无法有条理地说出自己的想法。

"听"话方面有困难的情况

要听懂别人的话必须专心，还要把听到的话记下来。需要运用理解力，根据文意，将听到的字音转换成正确的字。

听觉过敏的人，认为翻书声、拉椅子的声音、隔壁班的声音等"杂音"，听起来音量都相同，所以很难接收耳朵听到的信息。

有这种特性的孩子，看似在听别人说话，有时周围的人很难发现其特性。如果听错或漏听，对于提问经常回答得牛头不对马嘴。

因为听不懂老师的话，会问旁边的同学"刚刚老师说什么"，或是因没办法理解状况感到困惑，有时显得心神不宁。

无法一心两用

"听"话方面有困难的孩子，如果边听音乐边读书、边看电视边吃饭，有时注意力会被刺激较强的一方吸引。因此，他们听音乐听得入迷，忘记要读书；看电视看得入迷，忘记要吃饭。

各种声音听起来音量都一样，听不到必须听的声音

"说"话方面有困难的情况

有些孩子能够听懂对方说的话，轮到自己说话时却怎么也说不好，或者无法对话；又因为说话缺乏条理，周围的人也听不懂他想说什么。

例如，当我们用母语说话时，会不自觉地将语法顺序、因果关系、词汇等多种信息瞬间整理好并说出口。但用刚学会的外语对话时，必须花时间整理信息，经常想不到词汇或用错语法，导致句子变成零散的单字排列。同样，"说"话有困难的孩子，由于不懂得整理大脑中存储的信息，因而对话需要花很多时间。

无法有条理地表达想法的孩子，有时就连发出求救讯息都有困难。

有时无法传达烦恼

"说"话有困难的孩子，有些不会整理自己的想法，没办法向其他人传达自己的烦恼。即使别人说"有烦恼要说出来"，由于无法表达自己是为了什么而烦恼，有时也会一直独自烦恼。此外，有些孩子听到别人说"你到底在说什么"这些类似于责备的话时，内心严重受挫，于是更不敢开口。

社交困难

部分有学习障碍特性的孩子也有社交困难。他们不懂得从肢体动作、手势或表情察觉并体谅对方的感受，将对方的话照字面的意思解读，或是不理解含糊的语意。因此，他们有时会被认为"无法沟通""不会察言观色""自说自话"等。

计算或推理上有困难

有些孩子不了解数字或记号的概念，不会从已知的信息去类推未知的信息。

学习数学有困难

有学习障碍特性的孩子因为不善于计算或推论，就算已经很努力，成绩总是未见起色。

数学方面有困难并非单一情况，例如，有些孩子会个位数计算，却不会进位计算，有些则是不太会想象图形等。孩子面对困难时显现的程度各不相同，不擅长的部分也不一样。

重要的是，父母理解了孩子的缺陷在哪里，不能责备，也别心急，要用适合孩子的方法，为他准备能够投入学习的环境。

有时是因为不灵活

学习障碍的定义虽然不包含手指的不灵活，但大脑与身体无法顺利地共同运作，导致字写不好、写字很慢、用尺或圆规也画不好图形等（在医学的角度，这被视为发展协调障碍）。

写字会影响到整体的学习，对成绩也有影响。在有学习障碍特性的孩子中，许多孩子在运动方面很擅长，但有些孩子的全身运动不灵活、基本动作很缓慢（在医学的角度，这也被视为发展协调障碍）。

这样的情况有时与控制大脑多种功能的作用衰退及无法同时做多件事的特性有关。无论如何，孩子已经很认真地练习却无法进步，他们一定很伤心、沮丧。陪在孩子身边的人必须理解，孩子并非不够努力或偷懒。

令人在意的情况或行为

可能会有以下情况或行为

记忆上有困难

做数学题时，记不住数字或进位、借位的数字，所以无法计算或心算。有时没办法记住、活用"＋、－、×、÷"四则运算符号的意义。

为什么解不出来……

空间认知上有困难

很难理解数字的左右位置关系，如个位、十位、百位等，所以会弄错计算的进位，或是计算时算错数。

阅读上有困难

"20＋30＝50"这样的计算题能解出来。换成"苹果一个20元、橘子一个30元，苹果和橘子各买一个，总共是多少钱？"这样的应用题就解不出来。此外，容易读错数字的孩子，即使计算方法正确，还是会算错答案。

推理上有困难

推理可以说是从看得见的部分想象看不见的部分，思考看得见的部分会变成怎么样。

不懂得推理，很难求出图形的高度、边长、角度、圆周等，或是从等分图形思考分数的概念，从图表等中找出解题需要的数字或规则。

有时就算已经记住100cm＝1m、1000mL＝1L这样的规则，还是无法想象那是多少。

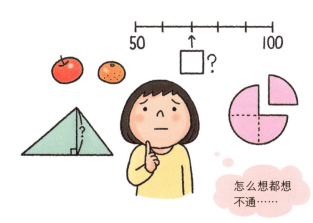

怎么想都想不通……

5章
认识学习障碍

仔细观察孩子的情况，询问父母

　　基本上，医师对学习障碍的诊断方式和泛自闭症的诊断方式相同：仔细观察孩子的情况，详细询问最常和孩子接触的父母等亲人，了解孩子的在校成绩或出错的方式等，以这些为线索，对照诊断基准进行判断。学习障碍的定义在医学与教育层面上有微妙的差异。诊断基准教育层面是教育部的判断基准，医学层面则是美国精神医学学会制定的《精神障碍诊断与统计手册（DSM）》，以及世界卫生组织（WHO）制定的"国际疾病伤害及死因分类标准第十版（ICD−10）"。

関于DSM

● DSM是由美国精神医学学会出版的《精神障碍诊断与统计手册（The Diagnostic and Statistical Manual of Mental Disorders）》。
● 2013年5月将以前的DSM4版（DSM-IV-TR）修订为5版（DSM-5）。"学习障碍"主要的变更如下：
　· 名称改为"特殊学习需要"，可以根据发育阶段，进行症状的评价。

教养，从读懂孩子行为开始

学习障碍的诊断基准与注意事项（日本文部科学省）

A 智力的评价

1. 整体的智力发展不迟缓

根据个别智力检查的结果，确认整体的智力发展没有迟缓。

若数值是在智力障碍界线的附近，而且在听、话、读、写、计算或推论等学习基础能力上有特别显著的困难时，需要考量孩子智力发展的迟缓程度或社会适应性，判断智力障碍的教育应对是否适当、学习障碍的教育应对力是否适当。

2. 认知能力有失衡情况

配合需要，施行多种心理检查，确认学龄儿童的认知能力是否出现失衡并掌握其特征。

B 语言等基础能力的评价

语言等基础能力有显著的失衡情况

根据校内委员会提出的资料，确认语言等基础能力是否出现失衡并掌握其特征。

在小学高年级之后，必须留意孩子基础能力的迟缓是否造成整体的迟缓。

语言等基础能力有无显著失衡，是通过标准学力的检查来进行确认。

实施语言等标准学力的检查后，若学力偏差值与智力检查结果的智力偏差值（Intelligence Standard Score）之间的差为负数，确认其偏差超过一定的标准。

此外，判断A与B的评价无法得到需要的资料时，要求校内委员会提供不足的资料，再配合需要，进行孩子在校的上课态度等行动观察或家长面谈等，同时也要充分考量C与D的评价及判断。

C 医学方面的评价

关于学习障碍的判断，有接受医学评价的必要

若有主治医师的诊断证明或意见书等资料，通过这些研究孩子是否有导致学习障碍的潜在疾病或状态。根据胎儿期、新生儿期的状态、病史、生活史或检查结果，发现疑似中枢神经系统的功能障碍（可能是造成学习障碍状态及更重大的疾病的原因）时，配合需要，寻求专业医师或医疗机构的医学判断。

D 其他障碍或环境因素并非直接原因

1. 根据收集到的资料，确认其他障碍或环境因素并非学习困难的直接原因。

根据校内委员会收集的资料，确认无法说明其他障碍或环境因素是学习困难的直接原因。

如果判断上无法得到需要的资料时，要求校内委员会再补充资料。

若根据补充资料仍无法确认判断时，进一步对孩子在校的上课态度等行动进行观察或约家长面谈等。

2. 诊断其他障碍时，请留意以下事项。

注意缺陷多动障碍或广泛性发展障碍是学习困难的直接原因。鉴于注意缺陷多动障碍与学习障碍有时会重复出现，或是部分广泛性发展障碍与学习障碍有相似性，不要只因为被诊断为注意缺陷多动障碍或广泛性发展障碍就否定学习障碍的可能性，必须慎重判断。另外，发展性语言障碍和发展性协调障碍有时也会和学习障碍重复出现，这点必须留意。

智力障碍与学习障碍基本上不会重复，但不要只因为过去疑似有智力障碍就否定学习障碍出现的可能性，根据"A.智力的评价"基准进行判断。

出处：日本文部科学省"针对学习障碍儿童的指导（报告）"（1999年7月）

应对与协助的重点

就像所有的发展障碍一样，学习障碍无法完全治愈，但只要周围的人给予适当的应对与协助，孩子就能够积极地投入学习中。

重点

尽早察觉孩子棘手的部分

孩子不会做功课，并非不够努力，而是功课上有棘手的地方。尽早察觉孩子的不足，为孩子思考适合的学习方法。

没关系！

重点

不要过度干涉，也别置之不理

对于孩子不擅长的部分，不要进行过度干涉。陪伴孩子，当他有问题时随时给予协助，其实只要陪在孩子身边，他就能安心地做功课。

重点

使用适合孩子的教材

选择适合孩子特性的教材。用教材不适合，容易让孩子的注意力中断。
无法写出间隔一致且工整的字时，建议孩子使用空格大的笔记本。有阅读困难时，使用垫板或尺子进行辅助找出正在阅读的句子所在位置，也是不错的方法。

看起来真方便！

这里这样算就解出来啦！

不要责备，陪孩子一起思考

"你要更认真读书""明明用心就可以做到""好好努力""连这点小事都不会吗"别再用这些话语责备孩子，他们其实也很烦恼。陪孩子一起想想，如何学好不会做的功课。

大家请翻到第19页

重点

用文字或图像传达

"听"话有困难的孩子，在吵闹的场所容易听不到想听的声音。通过一对一的对话边传达边确认，用文字或图像说明，使孩子容易理解。

你是说，你在喂金鱼吃饲料，对吧？

那个饲料啊，我喂了以后……

重点

记住说话方式的规则

"说"话有困难的孩子，只要记住说话方式的规则，漏了主语、内容零散之类的问题就会变得不明显。别否定孩子的说话方式，"你是说……吗""你这样说说看"像这样边确认边传达正确的说话方式。

5 章

认识学习障碍

127

为孩子带来自信的"亲子手账"

"亲子手账"是用来记录孩子的好表现以及和孩子度过的快乐时光的日记。写手账的同时，自然会想到孩子好的地方，以及那些养孩子过程中遇到的不顺心的事。

有时觉得"称赞教育"很难做到，也会觉得孩子不可爱，说不定还会和孩子争吵。这时候，翻阅这本手账，内心受到感动后，又可以重新积极地思考。另外，让孩子看这本手账也能让他重新认识自己的优点，进而产生自信。

就算只是写"平安回到家"这样的小事，或是只写一句话也没关系。贴照片、画插画，手账看起来会更丰富。

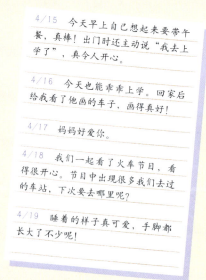

4/15 今天早上自己想起来要带午餐，真棒！出门时还主动说"我去上学了"，真令人开心。

4/16 今天也能乖乖上学。回家后给我看了他画的车子，画得真好！

4/17 妈妈好爱你。

4/18 我们一起看了火车节目，看得很开心。节目中出现很多我们去过的车站，下次要去哪里呢？

4/19 睡着的样子真可爱，手脚都长大了不少呢！

写了许多优点的手账，孩子看了会很开心，也会期待手账的数量增加。亲子手账能让孩子产生自信，成为支持内心的力量。

第 **6** 章

察觉与诊断后的疗育与照护

什么是"疗育"？

对于有发展障碍特性的孩子，在自立支援上施行"疗育"。
以减缓生活的不便为目标，学习适当的应对与协助方法。

减缓生活的痛苦

"疗育"一词，引用宫田广善老师（《支持育儿的疗育》／日本葡萄社出版）的话来解释，就是"努力协助有障碍的孩子及其家庭"。

有发展障碍特性的孩子个性鲜明，很难对周围的人妥协和忍让。有时会因此被孤立、误解。父母每天尽心尽力却得不到回报，难免感到无奈和疲惫。

既然疗育是"协助育儿"，本章要思考的是，如何让孩子及其家庭在辛苦的生活中得到慰劳，以及具体的协助方法。

首先，必须让父母与孩子安心生活、充分休息，至少要能让父母从周围获得慰藉、感到安心，这点很重要。实行的具体方法有"结构化教学法""感觉统合治疗""应用行动分析"等。

孩子的特性不会因为疗育而治好，但是积累配合和协助孩子成长的经验，可以减缓生活的痛苦。

哪里可以接受疗育？

接受疗育的契机很多，不少人是在婴幼儿健康检查时，被介绍到地方政府创办的疗育机构。负责指导的有专业知识或经验丰富的心理咨询师、听力语言治疗师和临床心理师。

如果想知道住家附近哪里有相关的机构、能够接受怎样的帮助，向民政部门、育儿救援中心、发展障碍者救护中心等处询问，也许能得到信息。

教养，从读懂孩子行为开始

配合成长，改变内容

疗育周期依孩子的情况而异，大部分是1～2周一次、每次1～2小时。方法、内容各不相同，多为数名年龄相近的孩子一起参加（父母多是待在别的房间）和亲子共同参加。形态多元，个别也有团体参加。施行的内容主要是社会生活的基本规则、语言或身体感觉的发展支援等，配合孩子的成长进行研讨。

疗育对家属也有正面的帮助

许多父母会烦恼该不该让孩子接受疗育，或许是担心接受疗育等于是认同孩子有"障碍"。然而，疗育并非针对诊断结果，而是对孩子及其家庭的协助。尽早给予适当协助、仔细应对，能预防孩子及其家庭被孤立。

父母也可参考专家对待孩子的方式，加深对孩子特性的理解，一起思考孩子的成长，接受疗育的场所也会变成交流沟通的地方。遇到有相同烦恼的人，自然不用独自烦恼，心情就会变得轻松。

疗育机构的一天

（范例）

1 自我打理

把毛巾或点心等从包里拿出来，放在固定的地方，让孩子学会处理自己的事。

2 运动

通过蹦弹跳床、走平衡木、荡秋千、玩球等游戏活动身体，培养平衡感。

3 聚焦

专家带领孩子看绘本或图卡等，进行聚焦（眼睛专心看）单一事物的练习。

4 饮食

在吃正餐或点心的时候，让孩子记住餐具的用法，积累愉快用餐的经验。

5 疗育咨询

和专家一起讨论在家如何应对孩子的各种状况，能够得到不错的建议。

什么是结构化教学法？

结构化教学法是多数疗育现场实行的方法之一。通过视觉的方法，减缓有泛自闭症特性孩子的痛苦。

协助孩子活出自我，拥有自立的生活

结构化教学法由美国北卡罗来纳州立大学的萧卜勒（Eric Schopler）教授等人发起。这是针对有泛自闭症特性的人及其家庭，在整体生活上的综合总括式方案，目前施行于多数的疗育现场。

以"场所"的使用方法为例，如果以"这儿到那儿是可以○○的地方"来限制孩子的活动范围，他们会感到拘束，想要打破这样的规定。可是，有泛自闭症特性的孩子因为感受方式或理解方式不同于一般的孩子，明确划分界线反而比较安心。在家里或校内等场所，用途多元的空间很多，经常令孩子觉得困惑、难受。

"一目了然"=构造化

"构造化"是结构化教学法的基本理念之一。在有泛自闭症特性的孩子中，有些不易记住听到的话，对于必须掌握的模糊的空间、时间，需要想象力的沟通感到吃力。同时，擅长理解眼睛看到的事物，对有兴趣、关心的事能够发挥出色记忆力的孩子也不少。考量到这样的特性，将空间、时间或顺序等变得一目了然，给孩子能够安心生活的环境，这就是"构造化"。

打造方便使用的房间或教室

如果一个场所有多种用途，对于泛自闭症特性的孩子来说容易感到混乱，为避免这种情况，指出"这里是吃饭的地方""这里是读书的地方"，像这样来区分各场所的用途，打造一个使用目的显而易见的环境，也是"构造化"之一。

活用行程表，让孩子事先预测

对于有泛自闭症特性的孩子来说，凡事一如往常、合乎预测，比较容易发挥实力。除了场所，时间也要一目了然，让孩子一看就知道"什么时间做什么事"。例如，"几点起床、几点吃早餐、几点去学校"，如果把早上的行程表或学校的课程表做成有插画的图表等，方便孩子了解，他们就能照表行动。

结构化教学法的目的是以"容易了解的环境"守护有泛自闭症特性的孩子及其家属，让他们在那样的环境中通过沟通互动，加深对泛自闭症特性的理解，减缓孩子及其家属的痛苦。就算泛自闭症特性治不好，仍要了解每种不同的特性，让孩子拥有活出自我、自立生活的环境。

结构化教学法的特色

 顺序构造化

不易记住听到的事，也不懂得先想好优先级再行动。

↓

区分步骤，使用插画或照片，让孩子明确知道"要做什么"。

↓

逐渐增加自己能做的事。

 空间构造化

在广大的空间里，因不知道"该做什么"而感到不安。

↓

配合目的区分空间，让孩子明确知道场所的"使用目的"。

↓

能在固定场所安心做该做的事。

 时间构造化

因为看不到时间，所以不知道"该做什么？可以做多久？"。

↓

把"何时""做什么"等内容（一天的行程）画成插画，让孩子随时都能看到。

↓

容易预测，孩子会比较安心。

区分空间、时间、顺序，打造容易理解的环境

＊结构化教学法（TEACCH）为Treatment and Education of Autistic and Communication-handicapped Children的缩写

结构化教学法提供的援助

利用顺序表，增加会做的事

有泛自闭症特性的孩子，有时对某些行为的顺序会感到混乱，例如吃饭的方式、上厕所的方式、衣服的穿脱、刷牙的方法、洗澡的方法。活用有插画的顺序表，让孩子边看边做，他们能够自己做的事就会增加。

		起床
		洗脸
		上厕所
		换衣服
		吃早餐
		刷牙
		准备出门

利用图卡，让孩子感受沟通是件有趣愉快的事。

安心

写完这两张作业就结束了！

有了顺序表，孩子很容易知道接下来要做什么。

利用个别作业系统集中精神，专心做功课

针对"不了解结束"这个特性，有个方法叫"个别作业系统"。就算告诉孩子"上课上到几点几分"，因为看不到时间，所以他会觉得现在进行的活动将永远持续下去，从而感到不安。因此，必须告诉孩子现在要"做什么""做多久""做到怎样的状态就是结束"，或是"结束后，接下来要做什么"。这个方法会让孩子安下心来，专心读书、做事情。

利用"图卡"传达自己的希望或当下的要求

想传达自己的心情却不知道该怎么做时，能够传达心情的图卡（沟通卡）就很方便。如果孩子想说"我想离开这里"却不知道该怎么做时，他不是默默走出去，而是拿出有人开门准备走出去的图卡。这样一来，周围的人能够理解孩子的心情，比较容易沟通。

你想出去吗？

具体传达要做的事，孩子就能安心去做。

学会社会规则

要让孩子学习合时宜的表情或举动，有个方法叫社交技巧训练。例如，让孩子记住"早上同学跟你说早安，你也要笑着说早安"，他就能作出适当的行为，建立圆满的人际关系。有泛自闭症特性的孩子有时看到别人的脸或衣服的图案会很害怕、开不了口。通过社交技巧训练，孩子就能学会打招呼，减少人际关系的不顺。

早安！

记住礼仪或规则，使人际关系变得圆满

有了才艺，就连独处的时间也能过得有意义。

培养休闲或才艺技能

对有泛自闭症特性的人来说，"自由时间"等于"不知道该做什么，觉得不安的时间"。培养才艺，让孩子安心、快乐地度过自由时间。拥有兴趣不但能充实生活，也能增加与人交流的机会，拓展他的能力。

发挥所长的就业支援

为了让有泛自闭症特性的人安心就业，必须有非常了解其特性并给予援助的人。例如，帮助有泛自闭症特性的人寻找符合其能力的工作，帮助他们学会工作需要的技能，教导他们如何完成工作的方法等。同时，将当事人的特性告诉雇主，向对方说明援助的必要性、当事人适合怎样的工作等，协助有特性的人投入职场。

接受求职顾问的援助，发挥自己的能力

6章

察觉与诊断后的疗育与照护

感觉统合治疗

感觉统合治疗的目的是"给予有发展障碍特性的孩子适当刺激，让偏差的感觉正确运作"。

调整感觉的偏差为目的

感觉统合治疗是美国的职能治疗师艾瑞斯提出的复健技法，目前施行于多数的疗育现场。

那么，什么是"感觉统合"呢？感觉除了视觉（看）、听觉（听）、触觉（触摸）、味觉（品尝）、嗅觉（闻、感受气味）这五感，还有痛觉、温度感觉、振动感觉等。我们会统合感觉的"刺激"与"大脑作用"再决定行动，这称为"感觉统合"。有发展障碍特性的孩子不太善于将"刺激"与"大脑作用"统合，通常表现在感情或行动上。通过感觉统合治疗，在日常生活的各方面下功夫，减缓感觉统合失衡造成的影响，调整感觉的偏差。

通过游戏，抑制过度的防卫反应

遭遇危险时，我们具备反射性本能保护身体的"原始感觉"。但随着成长，原始感觉会消退，改由根据信息判断状况的"识别感觉"优先发挥作用。例如，我们知道"被玫瑰的刺扎到会痛"，所以不会主动去摸玫瑰的刺。但如果没发现玫瑰的刺，不小心摸到时，反射性的原始感觉会发挥作用，让手缩回来。

有发展障碍特性的孩子或许是因为原始感觉容易失控，容易出现过度自我防卫的反应。感觉统合治疗通过活化识别感觉的游戏，调整原始感觉与识别感觉的失衡。

与发展障碍特性有关的感觉

五感

视觉（看）
听觉（听）
触觉（触摸）
味觉（品尝）
嗅觉（闻、感受气味）

→ 其中特别是

触觉
被外物碰触肌肤时的感觉

嗨！

平衡感
与对抗重力的姿势或动作有关的平衡感

本体感觉
（又称肌肉运动知觉）
对力道拿捏、手脚动作、位置的感觉

如果这3种感觉失衡，姿势、动作、身体的活动就会变得容易失衡

↓

借由游戏给予刺激，调整感觉的偏差

嗯？

在孩子背上写字，让他们猜猜看

荡秋千

让孩子用手触摸袋子里的物品

爬绳梯

应用行为分析（ABA）

仔细观察孩子的行为，准备适当的环境，保持适当的应对，目的是增加孩子良好的行为、减少问题行为。

孩子在成长过程中受到环境的影响

孩子从环境中接受各种刺激，边反应边成长。例如，起初只会哭的小宝宝，不断听到周围人说的话（适当的环境），或是接收到适当应对的"刺激"，开始

应用行为分析的概念

应用行为分析（ABA）是Applied（应用）、Behavior（行为）、Analysis（分析）的缩写。

行为的强化

起因	行为	称赞
有讨厌的事……	这孩子很努力在忍耐呢。 孩子做出好的行为	你好棒啊！ 嗯！ 称赞孩子的行为

行为的消除

起因	行为	忽视
有讨厌的事……	这孩子又在闹脾气了。 出现闹脾气之类的问题行为	忽视孩子的行为

说"饭饭"之类的牙牙学语。于是周围人看到小宝宝的反应后称赞他，改变说话的内容。孩子被称赞觉得很开心，对周围人说的话有更多反应，开始会说两个字、3个字的简单词汇。像这样，孩子不只会对环境或刺激产生反应，在适当的激励下，他们会改变行为、成长和进步。

改变环境或应对方式

应用行为分析是根据美国心理学家史金纳（Burrhus Frederic Skinner）的行为主义理论发展出来的：仔细观察孩子的行为，准备适当的环境，保持适当的应对，增加"好的行为"，减少"不好的行为"。

行为主义是心理学的方法之一。人的内心无法得知，而周围的人能够读取的是其表现出来的"行为"。因此，父母应该将重点放在孩子的"行为"与"变化"上。观察行为的背景，改变导致该行为的环境或应对方式。

开心的事，任谁都想多做几次；无趣的事，慢慢就会失去兴致。应用行为分析结论认为，孩子重复出现问题行为（不好的行为）时，也许是有导致该行为的环境或应对方式，或是对孩子来说，该问题行为是"好的行为"。

因此，当孩子作出问题行为时，忽视该行为，制造没有任何结果（如果无法变成孩子开心的事）的状况，从而"消除"该行为。当孩子作出好的行为时，鼓励和称赞他，"强化"这个行为。

行为增加

当孩子未作出问题行为，作出好的行为时，通过称赞来增加良好的行为。

行动减少

当孩子出现闹脾气或口出恶言之类的问题行为时，通过忽视来减少问题行为。

其他适合孩子的疗育方法

除了前述的方法，疗育的方法还有很多。不要只用一种方法，如果是适合孩子的方法，可多试几种。

找出适合孩子的疗育方法

除了前述的方法，疗育还有很多种。在此介绍的是以提升沟通力为目的的疗育。尽管特性各不相同，若是适合孩子的方法，不要只限定一种，可多试几种。不知道该接受哪种疗育时，可观察孩子的情况，选择他喜欢且能持续的方式。首先，通过咨询了解内容，或是进行实际体验（相关内容请参阅其他专门书籍）。

先寻求充实的学童期援助

放学后的日间服务

学龄期的孩子有时会在学习或人际关系上受挫，必须给予不同于幼儿期的应对措施。放学后的日间服务是指为充实学童期的援助，针对学龄发起的疗育服务。

放学后或暑假等较长的假期，儿童可以在邻近地区的相关机构接受援助。服务内容包括沟通技巧的提升、学习方面的协助等，援助体制依地区而异。服务对象是有发展障碍、身体障碍或智能障碍的学龄儿童。

通过自由的游戏或对话，发展沟通力

互动反应学习沟通疗育法（INREAL）

互动反应学习沟通疗育法（INREAL）是 Inter Reactive Learning and Communication 的缩写，这个方法是针对语言发展迟缓的孩子，通过成人与小孩的互动，促进沟通、培养语言能力。

成人对待孩子的基本态度是"SOUL"：Silence（默契守护）、Observation（仔细观察不开口）、Understanding（深入理解）、Listening（彻底倾听）。

此外，对于孩子，成人可以用各种刺激方式（心理语言学的技法），当中具代表性的有成人将孩子的行为或心情转换成语言的平行谈话（parallel talk），或是成人将自己的行为或心情、态度转换成语言的自我谈话（self talk）等。

你跌倒了，膝盖都流血了，很痛吧。

使用图卡，培养自发性的沟通能力

图卡交换沟通系统（PECS）

图卡交换沟通系统（PECS）是 Picture Exchange Communication System 的缩写，这是针对口语沟通有困难的孩子或成人的训练方法，利用图卡培养自发性的沟通能力。

首先，将孩子喜欢的东西放在他不会忘记的地方，让他把画了"想要的东西"的图卡交给沟通伙伴（对面的人），接着正式开始图卡交换沟通。循序渐进，孩子就能通过排列图卡组成简单的文章或是回答问题。图卡在家里或学校皆可使用，而且还能自己做。

你想要车车，对吧？

我想玩车车……

关于药物的使用

部分发展障碍的特性可用药物控制。不过，父母应该先准备好适合孩子的环境，加深对周围环境的了解，再来讨论是否需要使用药物。

使用药物前必须确认的事

使用药物前，有两件必须确认的事：第一，与医疗机构的信赖关系；第二，心理、社会方面的环境调整。孩子的症状不只是来自发展障碍的特性，有时所处的状况也会导致症状的出现。

例如，有泛自闭症特性的孩子恐慌发作，大家讨论起因——为何时突然想到某件事。然后改善状况、整顿孩子周围的环境，恐慌症状减少。这样的情况常会见到。

不得已必须服用药物的情况

然而，有时就算整顿了孩子周围的环境，仍然需要进行精神科的药物治疗。例如，注意缺陷多动障碍的多动、不专心、冲动，孩子本身再努力，还是很难减轻症状。这时候，就要考虑使用受到认可的"盐酸哌甲酯缓释片，商品名称：Concerta（专注达）"或"盐酸托莫西汀（Atomoxetine），商品名称：Strattera（择思达）"。有泛自闭症特性的孩子有时会激动、亢奋，需视情况考虑使用具有镇静效果的"哌咪清（Pimozide），商品名称：Orap（匹莫齐特）"。另外，与家人或孩子讨论后，为了改善生活，有时得考虑使用适应症外用药（Off-label use）。

孩子使用的精神科药物

未满15岁的孩子可以使用的精神科药物有以下几种，自闭症使用"哌咪清（Pimozide），商品名称：Orap（匹莫齐特）"、注意缺陷多动障碍用的"盐酸哌甲酯缓释片，商品名称：Concerta（专注达）"、"盐酸托莫西汀（Atomoxetine），商品名称：Strattera（择思达），以及"抗癫痫药"。

实际上光靠这些药物多半无法充分治疗孩子的发展障碍，医师经常要开适应症外用药（Off-label use，其特定的效用、效果未获药事法认可。未被允许当作孩子的发展障碍药物使用，但国外文献或医师的经验证明具有效果）。因为有时面对当前的状况，不得不使用适应症外用药对有发展障碍特性的孩子进行精神科的药物治疗。

医师提出使用适应症外用药时，因为是适应症外的药物，关于药效、副作用、优缺点等，有任何不明白的地方都要请教责任医师。通过充分沟通、理解后，再来决定是否服用。

吃药无法解决一切问题

大家都知道，吃药无法解决一切问题。有些父母一方面对于用药能减缓孩子的症状感到安心，另一方面又觉得依赖药物很不应该，怀抱着负罪感。选择让孩子使用药物，要考虑多方面的因素，例如家人的想法、每天要在固定时间服用特定药物对孩子造成的负担等，必须经常且持续讨论。

使用药物前必须讨论的事

吃药无法解决一切问题。
使用药物前，先思考引发孩子问题行为的原因是什么，这点很重要。

周围的人深入理解孩子的特性　　准备孩子能够安心生活的环境

例如：孩子已经很努力，但注意缺陷多动障碍的特性"多动""不专心""冲动"难以减轻时。

考虑使用药物
查看说明书，了解药效或副作用等，与责任医师或医疗机构一起讨论。

开始服用药物
使用评价表等，仔细判断药物是否有效果或用量是否适当，持续注意孩子的情况。

药物使用评估表

服用药物时，效果的有无或用量是否适当的判断非常重要。
仔细观察孩子的行为，留意副作用，慎重用药。

经过各种过程，父母才会决定给孩子使用药物，必须时常留意才能知道药物是否有效、多少用量最有效，不能只是一味地吃药。

想知道效果，家里或学校等孩子长时间生活的场所的评价，或者说孩子自己及其家庭等的判断是重要信息。而且，多数药物都有副作用，必须确认孩子使用的药物有无副作用。

这时候咨询责任医师，逐一明白"应该注意的事、会有怎样的效果"，像这样交换信息。偶尔与责任医师详谈，使用能够确认效果与副作用的评估表（如下表所示），配合孩子的情况进行调整。

药物使用评估表

※此例是某个有注意缺陷多动障碍的孩子

评估日期	姓名	出生年月日	药物（mg）	服药时间	评估时间	记录者
年 月 日		年 月 日（ 岁）				

■ 行动方面

观察	活动频率			
	完全没有	很少	频繁	相当频繁
1. 不休息、好动				
2. 容易亢奋、冲动				
3. 干扰其他孩子				
4. 专注的时间很短				
5. 经常心神不定、坐立难安				
6. 缺乏专注力、容易失去注意力				
7. 容易欲求不满				
8. 经常动不动就哭				
9. 心情的转变突然、激烈				
10. 闹脾气、情绪爆发，会作出预想不到的行为				
11. 健谈、多话				
12. 喊叫、放声大叫				

■ 副作用方面

观察	副作用的频率			
	完全没有	很少	频繁	相当频繁
1. 食欲不振				
2. 体重减少				
3. 睡眠障碍（失眠、熟眠障碍、噩梦、起床困难）				
4. 头痛				
5. 腹痛（胃痛）				
6. 眩晕				
7. 抽搐				
8. 尿床				
9. 起疹、红斑				
10. 心跳过速、心悸				
11. 焦躁				
12. 不安、紧张				
13. 爱担心、神经质				
14. 悲观、异常哭闹				
15. 看起来很累				
16. 单点凝视、心不在焉、发呆				
17. 社会性自我封闭				
其他				

出处：田中康雄著 《迎向ADHD的明日》（星和书店），节录自附录16。

教养，从读懂孩子行为开始

7 _章

家庭的陪伴与协助

有意义的"特别待遇"

为了让有发展障碍特性的孩子减缓不安、平静生活，必须给予其适合的"特别待遇"。

拟定生活计划

在语言不通的国家迷了路，又忘了带地图和钱包，任何人都会感到不安。有发展障碍特性的孩子每天就像是活在这样的不安中。我们在生活中难免会遇到突发事故，因为可以有某些程度的预测、洞察，所以能想办法克服。

但是有发展障碍特性的孩子不太容易预测事情，即使是些许的变化也会让他们感到不安，就像人们在国外迷路时那样反应敏感。

因此，我们要成为孩子的"导游"，为他们拟定一套安全稳定的"生活计划"。最了解孩子的特性及能力、擅长与不擅长的事的人，正是他们身边的家属。本章将从整顿家中的环境到孩子将来的出路、就业、自立等方面进行说明。

用心构思、给予协助，让孩子觉得"活着很快乐"

知道孩子的特性后，能做的事似乎不少

减缓孩子的痛苦，我们可以做的事有……

教养，从读懂孩子行为开始

"帮忙" "兴趣" 是生活的主轴

拟定生活计划时，一定要把"帮忙"和"兴趣"列入其中。这样一来，生活会变得有规律，容易预测。让孩子养成帮忙拿报纸、打扫浴室等习惯，并将那些习惯当成生活的主轴。此外，阅读、听音乐、劳作等兴趣，能够让孩子愉快地度过自由时间。父母可以帮孩子找出适合的兴趣，学习才艺也不错。他们能够通过这些活动体验成就感，受到称赞，自然就会想要获得更多被肯定的机会。孩子可以独自做的事变多，长大后的自立性也随之提升。

用心陪伴孩子的家人，值得赞许和鼓励。即使要面对的困难还有很多，考虑到孩子的特性，给予其"特别的待遇"；为了让孩子将来能觉得"活着很快乐""喜欢自己""过得很幸福"，也请耐心守护孩子成长的每一天。

孩子做一些力所能及的事，会让生活变得有规律

称赞使孩子获得自信，激发动力

对话时以简洁的话语传达

部分有发展障碍特性的孩子不容易看懂较长的文章，不习惯拐弯抹角的说话方式，我们就要用简单易懂的话语与他们沟通。

说话请简短具体

在有发展障碍特性的孩子中，有些无法理解内容较长的对话。如果他本身也不太会切换注意力，有时就会漏听对话的前几句话。例如，告诉孩子"好好读书，然后再去洗澡"，结果孩子没读书就去洗澡了。这种态度或许会让人觉得孩子不听话，但他并非故意那么做。他只是漏听了前面的"好好读书"，加上这句话的意思不够具体，所以他无法理解。

一句话别说太长

重点 孩子听不懂内容较长的话

啥？要做什么？

快去洗澡，不然要影响睡觉的时间，要洗干净啊！

重点 用简短的句子，一字一字地仔细说

你听妈妈说

好！

去洗澡吧！

与孩子对话时，先告诉他"你听我说"，让孩子把注意力转向你。接着，逐一传达想说的事，例如"来写今天的作业吧"，写完作业后再说"去洗澡吧"。

一字一字地仔细说

例如，告诉孩子"在椅子上坐好"，有些孩子却是直接坐在地板上。孩子之所以会那么做，也许是因为漏听了前半部分的"在椅子上"，只听到后半部分的"坐好"。这时候，父母应该一字一字地仔细说。先让孩子把注意力转向你，说完"在椅子上"后，停顿一下再说"坐好"，这样孩子就会听从你的指示。

比起听觉，有些孩子更容易理解视觉的信息，让他们看小朋友坐在椅子上的图或照片会很有效。

各项指示，清楚易懂

重点 引起孩子的注意

小婷，你听我说

重点 预先告知

今天要〇〇

重点 内容具体

把书放回书架吧！

✖ 好好整理房间
好好整理的"好好"不够具体，孩子听了不知道要做什么。

重点 使用图卡

在椅子上坐好

称赞胜于责备

每个孩子受到称赞都会成长进步。"与其在意不擅长的部分，不如发展孩子擅长的部分"，这样的心态很重要。

让孩子对"良好行为"留下印象

什么年纪会做怎样的事，多数人都认为"理所当然"。因此，做不到应该会做的事，或是做了不好的事会被责备，这是一般人的认知。做到察言观色，对于能够作出符合当下情况的行为的孩子，这种方法也许适合。但是有发展障碍特性的孩子不太会解读对方话中的某种意图，被斥责"不可以"的时候也不知道该如何做。所以，必须让他们了解被周围的人认同和称赞的"良好行为"是什么。

斥责和打骂会严重伤害孩子的心

有发展障碍特性的孩子做出了令周围的人困扰的行为，那是因为其大脑功能的失衡，并非他不够努力或懒散，更不是"故意找麻烦"。孩子本身不知怎样做才好，觉得很混乱、很受伤。在那样的状况下，如果父母还一直严厉地责备孩子，孩子非但不知道什么才是正确的行为，还会缺乏自我肯定，觉得"反正我就是很糟糕""我没有半点价值"，从而失去自信。孩子已经相当努力，父母与其在意他们"不会做的事"，不如多关注他们"会做的事""擅长的事"，好好地称赞他们。

称赞孩子时的重点

重点
以直接的表现立刻称赞

好乖，谢谢你！

重点
降低称赞的标准，好好地称赞

画得真好！

不责备，指示具体的方法

当孩子作出不好的行为时，请抛开"那是不被允许的行为"这种反应。但是如果孩子作出危险的事，父母应保持冷静，要有耐心，对其讲明利害。例如，对于一生气就动手的孩子，"因为○○，所以你生气了，对吧"，父母应该像这样代述孩子的心情，而不是责备他；接着告诉他"这种时候不可以打人，要跟对方说不要这样"，让孩子知道暴力是不对的，并给予具体的指示。这样一来，孩子就能慢慢体会好的行为会被认同、被称赞。

另外，当孩子作出好的行为或是表现良好时，不要觉得"这很正常"，应立刻称赞他"你好棒""你好努力"，用简洁的话语直接表达喜悦。稍微夸张的称赞，会让孩子对好的行为留下印象，往后就会作出更多好的行为。

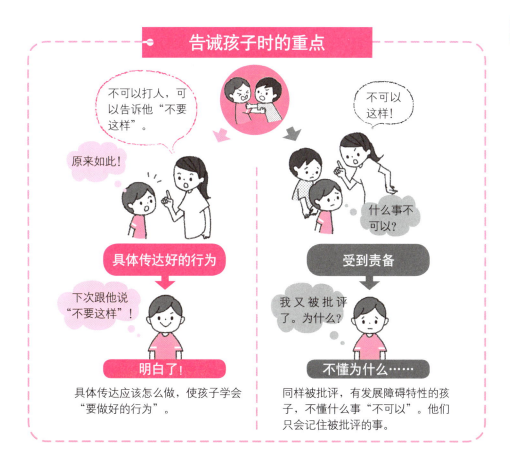

以肯定取代否定的表达

听到"不可以○○""不要○○"，孩子不知道该怎么做。我们不要用否定句，而要用"○○吧"这样的肯定句，这点很重要。

具体传达"好的行为"

告诫孩子时，我们总会忍不住用否定的说法，例如"不可以○○"。可是，这样的说法，孩子学不会"好的行为"。因此，说法必须要具体，比如"不可以用手抓着吃"改成"用筷子吃"，"你怎么还不睡！"改成"去睡吧！"。

伤害孩子自尊心的话不要说

另外，"怎么连这点事都不会！""你真糟糕！"这种否定人格的话也很不好，会伤害孩子的自尊心。孩子不知道怎么做才好，自尊心又受到伤害，这样的经历一多，孩子说不定会自我贬低，心情持续低落，变成很没自信的人。

有发展障碍特性的孩子，擅长与不擅长的事有明显的差异，所以不要抱持着"那个都会

用具体的肯定句传达

例：水龙头的水没关

把水关掉吧

✗ 不要把水一直开着
就算孩子听得懂，他不一定会想到要把水龙头开关关掉。

例：不希望孩子在厨房里玩

去客厅画画吧！

✗ 不要在厨房里玩
就算孩子听懂了，却不知道该去哪里玩。

做了，这个应该也可以""有心做就做得到"这样的想法。我们也有不擅长的事，只因为那件事就被否定成"糟糕的人"，心里会很难过。放慢脚步，适时给予称赞，增加孩子会做的事，培养自我肯定感很重要。

不要说嘲讽或开玩笑的话

有发展障碍特性的孩子不太会区分真心话与表面话，不懂玩笑话与实话的差别。所以，听到别人开玩笑说"你真傻"会非常生气；被挖苦说"你好会说谎"，反而很开心。

他们听得懂的是"直接的语言"。例如，有时候大人会说"等一下""再努力一点"之类的话，如果改成"到了8点，我们来看绘本""这个字再写5次"像这样传达具体的时间或次数，孩子比较容易理解。

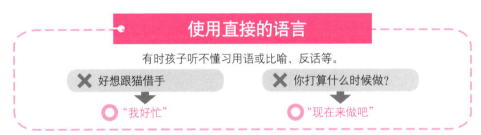

使用直接的语言

有时孩子听不懂习用语或比喻、反话等。

❌ 好想跟猫借手　　　　　❌ 你打算什么时候做?

⬇　　　　　　　　　　　⬇

⭕ "我好忙"　　　　　　⭕ "现在来做吧"

替换成孩子能够理解的话

不太能理解一般表现的孩子，
换成与他们喜欢的事物、身边的事物有关的说法，他们比较听得懂。

例：希望孩子安静的时候

用1级的音量说话

例：希望孩子动作快一点的时候

用火车的速度

制作预定表并贴出来

知道什么时候要做什么事，孩子会非常安心。然后，他们就能积极、专心地去做。

拟定生活计划，让孩子按表上课

当孩子上了幼儿园或小学，在某种程度上，他们每天的生活模式已经固定。不过，有发展障碍特性的孩子，对时间的概念很模糊，如果先让他们记住"换衣服""刷牙""上厕所""出门"这样的过程，他们就能照着行动。

此外，因为看不到时间，他们没办法从下一个活动来推测现在的活动还剩多少时间，感觉现在的活动似乎会永远持续，心里很不安。使用有图片或照片的预定表，也就是制作生活计划，让孩子看了就知道"接下来应该做什么"。如此一

使用图卡的预定表范例

为了方便孩子确认，贴在显眼的地方

换衣服 → 洗脸 → 吃饭

出门 ← 上厕所 ← 刷牙

搭配磁铁白板会更方便
- 从优先级别高的事开始贴。
- 搭配图片或照片，让孩子一看就懂。

来，孩子比较好预测会发生的事，能够安心行动。我们也是一样，假如没拿到剧本就突然被叫上台表演，一定会很困惑。这就和有发展障碍特性的孩子因无法预测下一步而感到不安是差不多的程度。

画出时钟图，培养孩子的时间概念

对于不懂结束的孩子，为他在图卡旁边画上时钟图是不错的方法。把要做的事和时钟图画在一起，孩子就能有清晰的时间概念，比较容易知道现在进行的活动要做到什么时候。

不过，一次贴太多图卡，有些孩子会感到混乱。配合孩子的理解度，先贴出优先级别较高的3~4件事。将图卡贴在磁铁白板上，完成了就拿掉，孩子一看就知道接下来要做什么，也比较好预测。

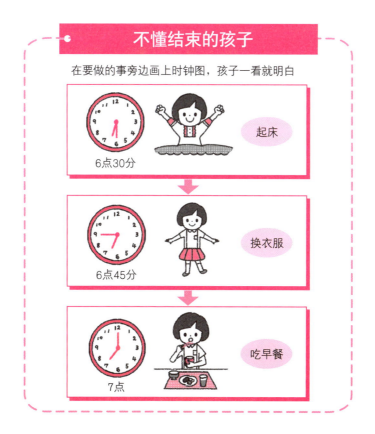

不懂结束的孩子

在要做的事旁边画上时钟图，孩子一看就明白

6点30分 — 起床

6点45分 — 换衣服

7点 — 吃早餐

让孩子能够安心的空间

一个场所只有单一用途，孩子就能安心。为各个场所设定用途的方法称为"构造化"，不妨试试看。

可以做各种活动的自由场所，孩子会感到混乱

举例来说，我们会在餐桌吃饭，除了吃饭，也会在那里读书、写作、阅读、上网。"就算是相同场所，根据时间与场合，会有不同用途""单一场所用于多种目的"这样的概念，我们可以接受。

可是，部分有发展障碍特性的孩子无法接受相同场所因为时间与场合而改变用途。他们无法理解看不到的事物，没办法整合过去的经历（在该场所做过各种事的经验）形成概念，所以用途变多时，他们就不知道"这儿是做什么的地方"，感到很混乱。

全家一起遵守构造化的规则

限定每个空间的用途

自己的房间

吃饭的地方

洗澡的地方

看电视的地方
休息的地方

这儿是看电视、休息的地方

一个场所只有一种意义

为了避免孩子使用空间时感到疑惑、混乱，"吃东西的地方""全家在一起的地方""妈妈坐的椅子"，像这样将场所与空间订定明确用途的方法叫"构造化"。有了明确的用途后，尽量不要放用途之外的物品，家人一起遵守规则很重要。

把孩子的房间分成四个区块

若家中有孩子专属的房间，用屏风或窗帘等分隔空间，根据用途分成"读书的地方""玩的地方""换衣服的地方""睡觉的地方"4个区块。有视觉过敏的孩子，如果东西太多就会造成刺激，进而分心。父母应该把东西收纳到有门的柜子里，别让孩子一眼就看到。如果柜子没有门，可以用伸缩棒挂上布遮盖。

父母想把家里或孩子的房间构造化，和专家讨论后，用适合孩子的方法去进行。构造化的空间能让孩子安心，生活变得规律，读书、学习也能集中注意力。

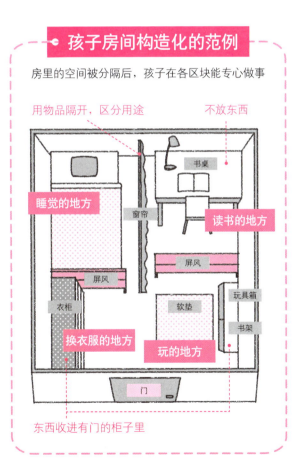

孩子房间构造化的范例

房里的空间被分隔后，孩子在各区块能专心做事

用物品隔开，区分用途　　不放东西

书桌

睡觉的地方

窗帘

读书的地方

屏风

屏风

玩具箱

衣柜

软垫

书架

换衣服的地方

玩的地方

门

东西收进有门的柜子里

让孩子帮忙或学习才艺

让孩子帮忙或学习才艺不但能促进其成长，也能提升他们的自立性，他们能够有意义地度过空暇时间。

让孩子负责生活中的某些事

有发展障碍特性的孩子平时如果经常被骂，容易失去自信。让孩子负责生活中的某些事，可以让他们产生自信，也能因此学会"生活技术"，父母应该积极地让孩子尝试和体验。

刚开始，父母让孩子帮忙做些简单的事即可，例如"早上起床后，把房间的窗帘拉开""去外面拿报纸进来"等，从适合孩子且容易做的事做起，逐项传达的做法很重要。边让孩子看图片或照片，边具体说明，这样他们容易记得住。等孩子学会做一件事之后，再慢慢增加其他事，如"叠好自己的衣服""摆筷子"等。很多孩子喜欢玩水，不妨让他们帮忙洗菜或洗碗。孩子的帮忙不仅能帮助到家人，也让他自己被称赞，建立了自信，并且能够提升他的自立性。

帮忙做家务或学习才艺，充实闲暇时间

在闲暇时间，我们可以不做任何事就慢慢度过，但对有发展障碍特性的孩子，什么都不做、不知道该做什么的时候会感到痛苦。如果让他们帮忙做家务或学习才艺，就能利用空闲时间，避免不安造成的恐慌，还能提升孩子的自立性，拓展他们的视野。

学习的才艺以适合孩子性格的项目为佳，如游泳、音乐、书法、绘画、陶艺等。有社交困难的孩子，不适合以团体行动为主的才艺，比如棒球或足球等。另外，好胜心强的孩子不适合有胜负之分的才艺。演奏乐器或徒步等全家可以一起参与的活动，能够带来天伦之乐。

帮忙或学习才艺的优点

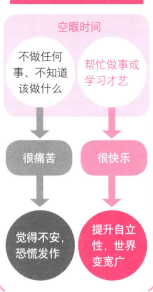

空暇时间

不做任何事、不知道该做什么 → 很痛苦 → 觉得不安，恐慌发作

帮忙做事或学习才艺 → 很快乐 → 提升自立性，世界变宽广

教导孩子如何帮忙时，要逐项说明

重点 边让孩子看图或照片，边具体传达

重点 从简单易做的事开始做

早上起床后，像这样拉开窗帘哪

拉开窗帘

例如，要孩子帮忙拉开窗帘的话，让他看拉开窗帘的插画，反复地教。

让孩子帮忙叠衣服，很多孩子能做得很好。喜欢玩水的孩子，可以让他帮忙洗菜。

有发展障碍特性的孩子也能学习各种才艺

适合孩子性格的项目为佳。与家人拥有相同的兴趣也不错。

烹饪

钢琴

游泳

书法

陶艺

无法完成日常琐事

换衣服、吃东西、上厕所等日常琐事，因为身体感应的薄弱或感觉过敏，有时没办法完成。

容易区别、方便穿脱是穿、换衣服的重点

部分有发展障碍特性的孩子对于身体的底线，手指、脚趾等部位的感觉不太了解，身体感应比较薄弱。

例如，他们脚趾的感应较弱，无法顺利把脚塞进袜子里；或是手指不灵活，很难扣好扣子。他们不太会区别形状相似的物品，衣服的前后经常穿反。因此，容易区分、方便穿脱的衣服比较适合他们。部分有感觉过敏的孩子只想穿特定的材质，

换衣服时的协助

在衣服的前面做记号

衣服的前面有记号，孩子比较容易区分前后。

大一点的纽扣

穿有扣子的衣服，如果纽扣或扣眼大一点，孩子比较容易扣上。

教导穿衣服的常识

孩子如果到了夏天还想穿长袖，就告诉他穿衣服的常识，他会乖乖换衣服。

拿掉孩子在意的标签

若衣服的标签令孩子感到不舒服，买来衣服后，立刻剪掉标签。

所以，为孩子选择他觉得舒服的衣物也很重要。有的孩子对冷热没什么感觉，即使夏天也想穿长袖，对他说"到了7月就要改穿短袖哇"。像这样教导孩子关于穿衣服的常识，他们就会乖乖换衣服。

教养，从读懂孩子行为开始

确认孩子吃一口的量是多少

孩子吃饭时嘴边脏兮兮的，或是食物从嘴里溢出来，也许是因为他不知道嘴在脸上的哪个位置，或是不明白自己吃一口的量是多少。假如孩子还有咀嚼、吞咽的困难，食物会一直在嘴里，不能吃下肚。此外，当孩子的视线范围内有电视或玩具等会让他分心的物品时，他就无法专心吃东西，吃得拖拖拉拉。

感觉尿意的练习很有效

没办法好好上厕所，可能是因为不太能感觉到尿意。那样的孩子有时会在固定的时间上厕所，但如果没有"膀胱胀胀的、想尿尿，尿完好舒服"的感觉，孩子就不会主动上厕所。此外，厕所的流水声、气味或狭窄感，令孩子觉得待在厕所不舒服、不想上厕所。因此，想办法让孩子觉得厕所是舒适的空间也很重要。

用餐时的协助

嗯！

小勇的一口大概是这样啊！

■ **嘴边很脏、吃得到处都是**
- 让孩子亲眼确认自己吃一口的量是多少。
- 提供能够专心吃东西的环境。

■ **不小心吃了别人的食物**
- 放上餐垫，孩子就能清楚知道自己的餐具在哪里。

如厕时的协助

好想尿尿哦～　　呼～　　真舒服～

把孩子的尿布或裤子湿的间隔做两周左右的记录。若排泄节奏很规律（间隔在90～120分钟），膀胱变胀后，孩子应该很容易感觉到尿意。如左图所示，积累感觉尿意的经验，让孩子因为排泄节奏察觉尿意，再带他去上厕所。

当孩子偏食或睡眠不好时

孩子偏食或睡不好，父母都会很担心。仔细想想，怎么做能让孩子可以开心吃、睡，这很重要。

就算孩子偏食也别太在意

部分有发展障碍特性的孩子因为在味觉等方面有感觉过敏，饮食上会出现偏差，比如讨厌特定食物的口感、只吃温热（或冰冷）的东西、只吃（或不吃）面食、只吃特定品牌的食品、不吃特定颜色的东西等形形色色的偏食习惯。此外，对于没看过的东西会感到排斥的孩子，有时只吃白饭，不吃配菜。

看到孩子这样偏食，父母会担心孩子"营养不均衡"，但多数的孩子随着年

如何改善孩子偏食的情况

试吃一口别的食物　　先吃喜欢的东西

提供让孩子觉得吃东西很快乐的环境
先让孩子吃喜欢的东西，别的食物他也会试着吃一口。

✕

不停责备，孩子只会越来越不喜欢吃东西
一直催促"快点吃！"，孩子会想"我是习惯不好的孩子吗？"，这会造成他们的自尊心受伤。

快点吃!

我是习惯不好的孩子吗?

教养，从读懂孩子行为开始

龄增长，能吃的东西会慢慢增加，偏食情况渐渐得到改善，所以不必太在意。父母假如强迫孩子吃或严厉责备孩子，会对孩子造成负面影响。先让孩子吃想吃的东西，再慢慢让他试吃其他食物。

养成促进入睡的习惯

不少父母因为孩子睡不好或熬夜而担心，有发展障碍特性孩子的睡眠节奏容易混乱。不太会切换注意力的孩子，玩得很投入时，就会一直玩下去，对睡觉这件事感到不安或害怕，不愿意入睡。

虽然睡眠时间因人而异，但如果孩子白天想睡、注意力降低，可能就是睡眠不足所致。睡眠习惯对调整生活节奏很重要。就寝前播放温和的音乐、读孩子喜欢的绘本给他听，像这样养成入睡的习惯，成为一种睡前仪式，孩子就会容易入睡。

如何改善孩子睡不好的情况

 白天

白天让孩子尽情地玩，身体适度的疲惫很重要。

晚上

在睡前做某些事，例如给孩子读故事、放音乐等，使之成为睡前的仪式。上床前一个小时左右洗澡，让上升的体温自然下降，孩子会变得想睡。

孩子早上自己起床，要好好称赞他

有发展障碍特性的孩子在家以外的地方经常感到痛苦，所以必须建立能让孩子安心的家人关系。孩子早上起床后，不要责备他，而是称赞他"你自己起床啦"。早上出门前花太多时间准备时，如果一直催孩子"快一点！"，孩子只会越来越不耐烦，父母不如适时地出手帮忙。无论责备或称赞，孩子每天早上做的事都一样。既然如此，父母用肯定的话语笑着对孩子说"路上小心"，彼此都会感到轻松愉快。

孩子语言发展迟缓怎么办？

语言发展有很大的个人差异。随着成长，孩子的语言表达能力会越来越强，父母不用着急，从旁边守护他。

身心的成长是语言的基础

孩子学会说话，必须具备"发言"的各种能力。具体来说，究竟需要怎样的能力呢？听语治疗师（Speech-Language-Hearing Therapist）中川信子曾做过简单易懂的说明：

大脑是堆积而成的构造，若以日本过年用的镜饼①为例，最底层的镜饼代表掌管"身体"的大脑，第二层代表掌管"心"的大脑，摆在最上方的橘子代表掌管"智力"及"语言"的大脑。假如没有最底层的镜饼，就没办法摆第二层，没有第二层的镜饼，就没办法摆橘子。

也就是说，刚出生的小宝宝，不断通过吃、玩、睡，使身体成长发育。然后玩得很开心、吃点心觉得好吃、妈妈陪在身边觉得开心、自己的心情被理解觉得放心，像这样培育了内心。当这些"发言"的基础稳固后，"知道""记忆""了解""模仿""说"等智力及语言的功能开始发挥作用。

吃、玩、睡是语言的基础

语言的基础是在每天的生活中培育而成。

睡

玩

真开心。

吃

好吃，对吧！　好好吃。

---

① 译者注：扁圆形的年糕，一般是一大一小重叠在一起，有些地方是3个重叠。日本人过新年时，会将之放在家中装饰，祈求新年顺利平安。

别着急，在旁边守护孩子

即便还不会说话的小宝宝，也希望自己的心情被了解，所以当他有了表现力，就会开口说话。但有发展障碍特性的孩子，对他人缺乏关心、不易产生共鸣，这对语言的发展多少会造成影响。

能与人建立良好关系的互动，对语言发展是很重要的事。与其急迫地催促孩子"快点！快点！"，不如仔细想想怎么和孩子共度快乐的时光，伴随孩子的成长步调，耐心守护他。

通过游玩，培养共鸣

陪孩子玩他喜欢的游戏，一边进行肌肤接触，一边告诉他"好开心哦""好好玩哦"，从而培养孩子的共鸣。"鬼抓人""背背"或"挠痒痒"这些游戏都可以积累与人接触很快乐的经验。当孩子体验到这些游戏的乐趣，"我还想再玩"的心情会通过表情或动作传达出来。"笑"是很棒的发声练习，看到孩子的笑容，也会觉得孩子更加可爱了。

培养共鸣的游戏

陪孩子一起玩，让他们积累与人接触很快乐的经验。

挠痒痒

试着往孩子不抗拒被摸的部位挠痒痒。如果孩子感觉过敏，就不要勉强。

啊哈哈，好痒。

好想再多玩一会儿。

荡秋千

"好开心哦"试着把孩子的感受说出来。抚摸也是一种肌肤接触。

不要执着于让孩子记住话该怎么说

有些孩子语言表达能力较差，无法传达自己的想法，孩子自己也很着急。重要的是，让孩子培养向周围的人传达自己的心情或愿望，并理解别人向自己传达了什么的能力。父母要好好重视孩子想与人互动、沟通的心意。

触觉过敏的孩子，讨厌肌肤接触，警戒心也很强，所以要跟他们保持距离。玩的时候不要与他面对面，而是并排坐在一起。先让他看到你玩得很开心的样子。相信一定会有敏感的孩子喜欢的游戏，或是能引起他注意的事物，慢慢地创造出属于孩子的"快乐时间"。

恐慌发作时

因为强烈的不安或恐惧、冲突或混乱，有时孩子会陷入恐慌（激动、亢奋的状态）。了解恐慌的原因很重要。

探寻恐慌的背景

年纪小的孩子经常大哭大闹、发脾气，大部分的原因都是事情不如自己所愿。有发展障碍特性的孩子在感到不知如何是好的强烈不安或恐惧、冲突或混乱时会变得恐慌。

这类孩子恐慌的发作看似突然，令周围的人感到困惑，但这一定是有原因的。重点是要找出恐慌的原因，思考孩子的特性，分析是什么事促使他变成那样。

恐慌或发脾气有各种理由

部分有发展障碍特性的孩子不喜欢变化、无法灵活转换心情、反应敏感、听不懂玩笑话、有强烈的偏执心，在感受方式或接受方式方面不同于其他孩子。因此，周围的人觉得无妨的事情，却会成为孩子混乱的原因，从而出现感情失控的情况。另外，由于心情难以用表情来传达，也不懂得如何向对方传达感受，所以无法向周围的人寻求帮

恐慌发作时

先找好能让孩子冷静下来的场所，一旦孩子恐慌发作，把孩子带去那里并守护他。

出现自残行为时

孩子作出自残行为时，父母与其制止孩子，不如在旁边陪伴孩子，以防孩子受伤，等待他冷静下来。

靠垫　　　用力撞墙

助，只能独自忍受内心的不满，最后导致恐慌发作。

有发展障碍特性孩子的恐慌绝非任性。孩子的心情无处宣泄，被逼到走投无路才变成那样。所以父母和孩子身边的人要能够理解他们。

过去的事也可能是恐慌的原因

因为难以理解时间的概念，孩子有时会将过去的事记成现在的事，也经常会出现"替代经验（vicarious experience）"的情况，宛如"时光倒流"想起过去讨厌的事。等孩子恢复冷静后，问他讨厌什么，他会说出类似于小时候被狗追的经验。

孩子有时会伤害自己

有些孩子情绪激动起来会咬自己的手、用头撞墙，作出"自残行为"。假如父母出手制止，反而会让情况变得更严重，变成咬大人的手或打大人的"他伤行为"。为避免孩子及周围的人受伤，父母若现场有丢了会造成危险的物品，赶紧将其移开，默默在旁边守护孩子。过一段时间，孩子的恐慌就会消失。

其实这样的混乱，对孩子来说非常痛苦。理解孩子的特性后，若有造成孩子混乱的原因，如临时的行程变更、反应敏感等，父母先解决这些很重要。

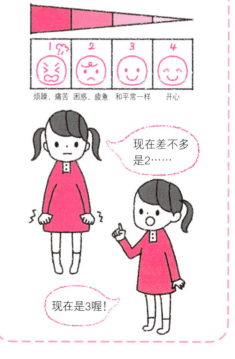

表现心情的练习

"现在的心情是图表中的哪一个"，让孩子练习传达心情，在感情失控前，孩子比较容易向周围人表达自己的情绪。

烦躁、痛苦　困惑、疲惫　和平常一样　开心

现在差不多是2……

现在是3喔！

也要重视其他的孩子

父母的心思都放在有发展障碍特性的孩子身上，其他孩子只好忍耐。
有必要让其他孩子也能感受到父母的爱。

听话或许是刻意装出来的

许多父母都是第一次照顾有发展障碍特性的孩子，每天都有感到困惑的事，必须时时刻刻留意孩子，体力上也是很大的负担。如果家中有其他孩子，父母就算有"对其他孩子也得照顾到"这种想法，生活重心还是会放在有特性的孩子身上，没有多余的时间去照顾其他孩子。

孩子终究是孩子，当然也想向父母撒娇，而且向父母撒娇能提升他自己的自尊心。因此，当其他孩子很乖很听话时，不要有"这孩子都没抱怨，应该是没问

对其他孩子的关怀和照顾

为其他孩子提供躲避的场所

有发展障碍特性的孩子闹脾气或恐慌发作，有时会对其他孩子造成压力。有必要为其他孩子提供暂时躲避的空间。

让孩子记住关于发展障碍特性的知识

别把其他孩子当成成人，让他们对发展障碍特性有一定程度的理解或关心，觉得拥有能在生活中实践的知识是件好事。

为了让她专心，要把玩具收起来，对吧！

没错

题"的想法，而是要想"他真的努力地在忍耐"。

此外，有些孩子不太会表达心情，对于其他孩子也要适时地关怀和照顾，这点很重要。

与其他孩子独处的时间

偶尔腾出和其他孩子独处的时间，不要去想那个有发展障碍特性孩子的事，陪这个孩子尽情玩他想玩的游戏，做他喜欢吃的东西并一起吃，或是只听他说话就行。要对这个孩子说"我好爱你""你很重要"这些话，眼神对上时要给他微笑，经常通过言语及态度表达你对他的爱。

其他孩子开始帮忙照顾有发展障碍特性的孩子后，有时会有"小时候爸妈都不管我""不想再被拖累了"之类的想法，于是他们不想再和有发展障碍特性的孩子接触。对有发展障碍特性的孩子来说，这一生最能理解他们的还是家人，因此，要让有特性的孩子与其他孩子对彼此的存在感到"开心"，也要让其他孩子感受到父母的爱。

让其他孩子独占父母的时间

我想看电影，然后去吃好吃的东西

今天你想去哪里？

定期腾出时间，让其他孩子独占父母，为避免这段时间被打断，不妨和他一起外出。

也要注意其他孩子的特性

有时其他孩子也有兴趣的偏好或不易转换心情、不懂得表达心情等特性。为减缓其他孩子的痛苦，一定要多留意他们。

感到育儿辛苦时

养育有发展障碍特性的孩子，父母大多会有很多的烦恼。感到育儿辛苦时，父母不要独自烦恼，尽快找人咨询比较好。

养育有发展障碍特性的孩子，烦恼总会加深

孩子强烈的偏执、冲动的行为、恐慌、很难沟通等特性，不管父母怎么说、如何做，孩子都无法立刻改善。父母陪在孩子身边，努力地想要理解他们的心情，却被周围的人指责自己管教不够；面对行为激烈的孩子又得时时留意，实在是身心俱疲，经常感到喘不过气。因为必须考虑到孩子的特性，有时会想"我这样做到底对不对"，有时会对育儿失去自信，这可能也是烦恼加深的原因之一。

别把自己逼得太紧，多去留意做得到的事

在身心俱疲的育儿过程中，不少父母会有"忍不住骂孩子""很想放弃""把气撒在孩子身上"之类的冲动，或是"我说的话孩子听不进去""不懂孩子在想什么""总觉得孩子没在听我说话，一点反应都没有"，烦恼日渐加深。

感到育儿辛苦时，父母或许是因为太勉强自己。别把自己逼得太紧，就像不去在意孩子不会做的事，多去留意他们会做的事，试着向其他人倾诉自己的心情。

● 育儿过程中容易产生的压力

- 又忙又累，无法休息，也没有可以帮忙的人。
- 一直睡眠不足。
- 得不到家人或学校、幼儿园的理解。
- 孩子经常出状况，总是在道歉。
- 被指责是自己管教不够。
- 没有多余的心力照顾其他孩子。
- 无法理解孩子。

- 不知道怎么应对有发展障碍孩子。
- 对养育孩子没有自信。
- 不希望孩子被诊断有发展障碍。
- 不知道该去哪里找人咨询。
- 孩子的发展障碍是不是治不好了，老想着这件事。
- 没有自己的时间。

支持家属的援助

与家属联谊会或其他有经验的父母保持互动

全国各地都有家属联谊会或NPO法人仁心会（全称：特定非营利活动法人仁心会）的支援团体。针对孩子发展障碍的特性进行交流学习或信息交换等，让有相同烦恼的父母取得联系。

育儿没有具体的正确答案，感到育儿辛苦时可与家属联谊会或有经验的父母对话，不少人会发现"原来养孩子的方式那么多""这种方式很适合我家的孩子"，因此重新找回积极面对困境的勇气。有他人了解自己的育儿辛苦，父母对未来不再茫然无措，因而变得有信心，不再独自烦恼下去。

支持家属的援助

父母参与"亲职训练"

参与重新审视对待孩子心态的"亲职训练"也是方法之一。

近来，各地区经常举办"亲职训练（parent training）"，这是让有实际经验的父母为有育儿烦恼的父母提供具体建议的活动。亲职训练不是针对有发展障碍特性的孩子，而是以其父母为对象的支援活动。通过群体合作或个别指导的方式，理解孩子令周围人困扰的行为，学习怎么做才是正确的应对。目前大多是由自治团体或医院、大学、家长联谊会等举行为期多天的讲座。

就算父母参与过亲职训练，也不代表往后一切都会很顺利，只能把这样的活动当成育儿支援之一。参与前先确认是否需要付费，内容是否符合你的状况，这也很重要。

觉得孩子不可爱的时候

父母觉得孩子变得不可爱，或许是父母太勉强自己，没有余力再应付下去，所以父母拥有自己的时间也很重要。

没有余力就会感到疲惫

有发展障碍特性的孩子睡眠时间不固定、总是动来动去，必须时时留意，这使得父母无法好好休息。做家务、带小孩不像上班可以请假，睡眠不足、疲劳过度的压力全挤在一起，令人身心俱疲。在这种状态下，父母不可能觉得孩子可爱。不少父母应该都有这样的烦恼，不过那并不是"对孩子没有爱"，只是"因为太累，没有余力去爱孩子"。

适时地提醒自己要休息

育儿过程中父母会把孩子当成生活的重心，而自己的事总摆在最后，最后筋疲力尽，结果可能会责备、体罚孩子。应适时地提醒自己，短时间与孩子分开，稍作休息或是做自己有兴趣的事，消除疲劳、重振精神。

有些父母会觉得"照顾这孩子不容易，没办法交给别人"。此时，可向民政部门等处咨询，利用地区的临时托养服务或请保姆短期照护都是方法之一。

为了避免劳累过度，适时的休息很重要

另外，父母也有擅长与不擅长的事。父母如果对烹饪或缝纫不擅长，可以选择去购买食物或衣服；如果对打扫或洗衣服不擅长，可以使用家用电器。即使父母无法完全解决家务或压力，一定也能找到适合自己的方法来减轻负担。

慢慢来就好，别心急

孩子静不下来或健忘等情况很严重时，父母看着眼前的孩子想到他的将来，"这孩子有办法生存下去吗？"内心忍不住担忧、焦虑，或许会用很凶的语气骂孩子。

孩子受到称赞，会激发出意志力或能力。就算有发展障碍的特性，如果从小给予适当的回

与其去想很久以后的将来，不如多看看现在的孩子

应，不少孩子会变得情绪稳定、充满自信，长大后进入社会工作，充满希望度过人生。也就是说，儿时积累被关爱的体验非常重要。

考虑孩子的将来时，重点不是想10年、20年那么久以后的事，而是半年后、一年后比较近期的事。然后，回顾过往"已经会做这样的事""也学会那样的事"，对孩子的进步给予称赞。孩子虽然现在能够学习、能够安静地坐着也很重要，但长大后能够支持他的是"我喜欢自己"这种坚定的自尊心。仔细想想，孩子的童年其实很短暂。有缘成为一家人，父母应该思考怎么做才能和孩子开心度过每一天。慢慢来就好，别心急。

Q 说了好几次就是听不进去。因为生气就打了孩子，该怎么办？

A 我必须说，每天都很有耐性、不断给孩子讲道理的父母很值得被称赞和鼓励。没办法体会别人心情的孩子，会让周围的人感到烦躁，养育这样的孩子，心里的压力肯定不小。有时父母就算想冷静，还是忍不住动手。当然，暴力或大声责备不是管教孩子的方法。如果忍不住打了孩子，首先应尽快将孩子带离现场，让自己冷静下来。然后，向孩子道歉，告诉他"打人是不对的，对不起"，再慢慢教导他怎样才是对的行为，并且对他说"我很爱你""你很重要"，肯定孩子的存在。

如何预防并发性障碍

因为周围的人不理解等原因，孩子变得叛逆、足不出户，这被称为并发性障碍，自尊心受挫也是出现并发性障碍原因之一。

源于周围不理解的并发性障碍

并发性障碍是指有原发性障碍的孩子因为其特性在生活或人际关系上受挫，却又无法自行解决，为许多失败或挫折而烦恼，加上周围的人不理解，一直受到责备，变得无法肯定自己，导致感情或行为产生偏差，出现过度反抗或足不出户的症状。

不少有发展障碍特性的孩子，再怎么努力也得不到回报，总是遭受这样那样的痛苦或挫折。如果周围的成人尽早察觉到孩子的发展障碍特性，就可以作出不伤害孩子自尊的应对措施；但如果没有察觉，孩子从小很有可能受到不理解或不适当的方式养育，就容易引发并发性障碍。

并发性障碍

外在化
对外发泄不满或愤怒过度的反抗

口出恶言
家庭内的暴力
不良行为

内在化
不满或愤怒积累在心里

忧郁
社交恐惧症
足不出户
拒绝上学

被霸凌或学业表现不佳也是诱发原因

学校是大家必须共同行动、遵守相同规则的场所。但是有发展障碍特性的孩子很难对周围的人妥协和忍让，出自特性的举动又容易让人产生误解，经常成为被嘲笑或霸凌的对象。

另外，学校也是学业表现差异明显的地方。有发展障碍特性的孩子有时因为其特性而跟不上进度，感觉自己是班上的负担，自尊心会大大受挫。

并发性障碍是孩子发出的求救讯息

并发性障碍的症状可视为自尊心受挫的孩子所发出的"求救讯息"。孩子会做出令周围人困扰的行为，因为他正为了某件事而烦恼，我们必须找出原因、给予帮助，减少孩子的痛苦，甚至还要夸奖他"你做得很好"。

不过，比起发展障碍的特性，并发性障碍的孩子令周围人困扰的举动更强烈。因为容易给人"故意找事"的感觉，孩子原本是因为什么而受挫反倒不易被人了解，因此他们更难被察觉"可能有发展障碍的特性"。这是并发性障碍的难点，父母必须予以应对。

在孩子能够安心的场所，好好称赞他

有发展障碍特性的孩子在家以外的地方经常感到不适，所以，父母必须把家里构造化，提供孩子能够安心生活的环境，而不要一直责骂、体罚他们，这样才能建立互相体谅、和谐的家庭关系。此外，就算一个也好，父母需要找出能引发孩子意愿、让他产生自信、觉得"做这个很快乐""这个我很擅长"的事情，并且要不断地称赞孩子。

假如孩子出现过度的反抗或足不出户等症状，父母也不可自我孤立，应多参加家长联谊会等，多与他人交流互动。父母应该利用各种设施，思考如何帮助孩子走出困境、重新振作。

引发孩子的意愿

积累成功经验

谢谢你

为了让孩子产生自信，当他作出好的行为时，父母应该多多称赞他，好好夸奖他。

关怀或协助

把这里加起来看看？

这样啊！

学业表现不佳会伤害孩子的自尊心。为了让孩子跟上进度，父母需要细心关怀、给予帮助。

与社区里的人交流互动

为避免有发展障碍特性的孩子发生意外或犯罪，父母应与社区里的人交流互动，让对方成为协助自己的力量。

与社区里的人交流互动，可防止在育儿上被孤立

为了照顾有发展障碍的孩子，不少妈妈会辞掉工作。如果这些妈妈又是第一次生小孩，过去总以工作为生活重心，在社区内没有认识的人，在育儿上感到孤独。她们会担心孩子不小心迷路或是恐慌发作造成周围人的困扰，就连外出也会感到犹豫。

如何与社区的人交流互动

先从打招呼开始

鼓足勇气把孩子的发展障碍特性告诉别人。先从打招呼开始，认识的人越多，就越能成为在社区安心生活的心灵支柱。

就算是家人也要订立规则

有发展障碍特性的孩子，比起别人的心情，更在意自己的心情，有时不管看到谁都会打招呼，遇到不认识的人也会主动亲近对方。为了避免孩子发生意外，一定要先在家里订好规则，让孩子遵守。

而父母和孩子一起待在家里，足不出户，对孩子将来的自立并不是件好事。父母多去认识社区里的人，以亲切态度对待孩子或父母的人也会变多。经常和附近的邻居或店员打招呼，尽量参与社区的活动，慢慢增加认识的人。有时候，和人聊聊天就能让心情变好，或许还会遇到有相同烦恼的人。

让社区里的人成为协助自己的力量

活泼好动、对自己有兴趣的事很着迷的孩子，只要父母一不留神就会跑到别的地方。但是这样的特性从外表上看不出来，就算孩子迷了路也很难察觉其异状。

为了避免孩子发生意外，与社区里的人交流互动很重要。把孩子的特性告诉认识的邻居或物业管理员、常去的商区或超市的店员、派出所的警察等，当他们发现孩子自己一个人，或是和不认识的人走在一起时，就会帮你留意。

希望周围的人这样对待孩子

孩子主动攀谈时，尽可能安静听他说，这样他会很开心

因为想与人互动，经常主动与周围的人攀谈。如果孩子有这样的情况，试着告诉周围的人"也许您会听不懂，但如果可以，请听他说说看，这样他会很开心"。

那个公交车啊……

嗯嗯

如果看到孩子好像很困惑、和平常的感觉不一样，请和他说说话

有发展障碍特性的孩子就算遇到麻烦也不会主动说出口。和他们对话时不要用否定句，用肯定句他们更容易听得懂。

没事吧?

和孩子说话时，请不要碰触他的身体

有触觉敏感的孩子有时只是被轻轻碰到身体也会感到不悦。试着告诉对方，不要碰触孩子的身体，这样他会比较安心。

你好!

选择托儿所、幼儿园、小学的重点

托儿所、幼儿园、小学是孩子长时间生活的场所。
请选择方便联系、能够让孩子安心的地方。

选择托儿所、幼儿园时的重点

多数托儿所或幼儿园会提供参观机会给希望入所或入园的家长。家长可以通过开放园内空间或吃午餐的体验等，了解园内平时的气氛或孩子们的情况。此外，确认保育、教育方针也很重要。把孩子的发展障碍特性坦白告诉园长或负责接待的老师，确认园方会如何应对孩子的发展障碍特性。

让孩子安心是重点。要理解孩子的发展障碍特性，若有必要，由没有负责带班的老师帮忙照顾，可事先预防孩子恐慌发作的环境，这样才能令人放心。

孩子入所或入园后，为了加强与托儿所、幼儿园的联系，家长要与托儿所或幼儿园保持联络，有不清楚的事要及时请教班主任老师。父母也要坦诚地说出自己的意见，与校方建立互相体谅和理解的关系很重要。

选择小学时的重点

选择小学时，除了让孩子能够安心，学习上的照顾也很重要，多数的小学会开放校园，提供参观和了解校内或上课情况的机会。父母应该尽可能多地去参观几所小学，跟校方坦诚交代孩子的情况，以确认校方的态度。

让孩子安心上学、快乐学习很重要。家人之间好好讨论，请教了解孩子心理的专家，包括责任医师或托儿所、

小学入学前的经过

1~4月	收集社区小学的信息（有无特教班等）。
1~4月	向本地区教育委员会进行就学咨询。参观希望就读的小学、确认辅助救护措施。
4~5月	选择学校。接受就学健康检查与面谈。
6~7月	收到入学通知。
9月	入学。

幼儿园的老师、疗育设施的专家等的意见作为参考，然后再做决定。

孩子入学后，和导师、负责家长咨询的"特殊支援教育专员"仔细保持联络、密切联系。

特殊支援教育

在日本，"特殊支援教育"根据《学校教育法》设立，目的是充实日本各校对有障碍的幼儿学童的支援活动。为了让有障碍的幼儿学童培养自立、参与社会的必要能力，需要掌握每个孩子教育上的需求，将其潜能发挥到最大，改善生活或学习上的困难，给予适当指导或必要协助。

特殊支援教育专员

特殊支援教育专员从教职员中选出，负责家长的咨询服务，与福利机关等相关机构联系、协调。

各种学习环境

日本的特殊支援教育将学习场所分为普通班、资源班、特殊班、特殊学校4种选项。

托儿所、幼儿园 ⟷ 疗育机构

⬇ 小学 ⬇

普通班
小班教学或根据能力分班等。也有支援人员的支援。

交流共同学习

资源班
学籍设在普通班，接受适合特性的指导。

特殊班
针对有障碍的孩子进行个别化教学。

决定好就读的学校后

• 事先告知校方的事
孩子对其他孩子是否缺乏关心、能否安静听大人说话、能否独自上厕所或吃饭、有无感觉过敏等，坦白告诉校方孩子"会做的事、擅长的事"以及"不会的事、不擅长的事"。此外，也要让校方知道你希望孩子过怎样的学校生活、受到怎样的教育。

• 事先询问校方的事
当面请教老师，确认包含教育方针及人力在内的入学后支援体制等。

交流共同学习

特殊学校
以障碍程度较重的孩子为对象，进行较专业的教学。

中学的选择

升入小学高年级后，孩子开始具备自我判断的能力。选择将来就读的中学时，也要尊重孩子的意愿。

选择初中时的重点

首先，回顾孩子的小学生活，试着直接问问孩子，小学生活过得如何。

在日本，特殊支援教育会延续至初中，但一直以来都在普通班的孩子，也许真正的想法是"过得很辛苦"。为了让孩子有安心学习的环境，应该将特殊班或特殊支援学校列入考虑。

小学毕业时，孩子大致上已具备判断力，所以要尊重孩子的意愿，彼此好好讨论很重要。若想获得升学方面的建议，可以找对孩子很了解的班主任或责任医师等人咨询。

讨论孩子将来的出路

普通班、特殊班、特殊学校……不知道该选哪个好。
与其独自烦恼，不如请教别人的意见作为参考。

 医师

 学校的老师、特殊支援教育专员

 家长联谊会

 学校咨询辅导员（school counselor）

Q&A

Q 小学施行的特殊支援教育内容可以衔接至初中吗？

A 如果是相同学区，特殊支援教育的内容可通过小学与初中的老师、特殊支援教育专员衔接起来。若是要就读学区外的学校或转学，为了衔接内容，需和班主任沟通。

增加孩子自己选择的机会

今天想穿怎样的衣服、今天想怎么过……父母应多尊重孩子的意见。像这样每天积累自己选择的经验，孩子就会知道自己喜欢什么，擅长与不擅长的事是什么。

选择高中时的重点

日本的高中的种类相当多，除了全天制的公立与私立普通高中，还有商业、工业、农业高中、高等养护学校①等。形态也很多，分为定时制（夜间部）、函授制、学年制、学分制等。还有学习不同职业所需技术或专业知识的高等专门学校或高等专修学校等。

高中毕业后，有些人会选择继续升学，但最终仍以进入职场为目标。"持续"也是就业的重点，能够教导在职场上与人应对的方式、发生纠纷时的处理方法等人际关系可能遇到的问题，提供周全就业支援的学校也是不错的选择。初中毕业时，孩子已经很清楚自己喜欢或擅长的事，父母应尊重孩子的意愿，与孩子讨论可以学习、适合特性且喜欢的事。

高中的形态

学习方式的形态各不相同，尊重孩子的特性或期望，好好沟通讨论。

全天制

平日的白天时间到校上课。

定时制（夜间部）、学分制

定时制：在晚上等特定的时段上课。
学分制：没有学年的区分，只要修满必要的学分就能毕业。

函授制

基本上是在家自习，配合校方要求提交报告。

将擅长的事与工作结合

如果把擅长的事、喜欢的事当成工作，上班时间就会变得更快乐。好好收集信息，了解孩子将来想做的工作需要哪些技能或职场礼仪。

---

① 译者注："养护学校"是日本"特殊支援学校"的旧称。

就业的准备与支援

若能用自己的能力或感兴趣的事锻炼相关技能，把这些当成将来的工作，是一件很棒的事。因此，学习实用的生活技能也很重要。

很多人都在擅长的领域工作

在有发展障碍特性的人中，活用自身的能力或是感兴趣的事，锻炼获得他人良好评价的技能，从而在擅长的领域工作的人很多。

不过即使一个人能力再好，如果经常迟到、上班时不修边幅、因为身体痒就在别人面前掀开衣服，也会给同事带来困扰。这些行为在许多地方不会被允许。父母可以在每天的生活中慢慢教导孩子关于公共场所的礼节。

能够活用特性的职业很多

例如，有计算机技能的人，可以做写程序或资料输入等工作；喜欢文件分类或整理的人，可以负责各种文件归档或库存管理等工作；也有人可以在组装零件或封箱作业、制作面包等领域发挥所长。

对于职业来说，一件很重要的事就是"持续"做下去。即便是具备优秀技能的人，在人际关系上也可能受挫。一个人发展障碍的特性很难从外表察觉，加上没有智能障碍，就更难察觉；有的人却因社交方面的困难无法得到职场同事或上司的理解，不断积累压力，好不容易找到工作却最终辞职。因此，除了培养就业需要的能力，有发展障碍特性的人也要尽早培养处理职场人际关系的能力。

帮助有特性的人寻找适合职场的求职顾问

在日本各县（市）都有社区障碍者职业中心，此处会与就业中心（就业服务站）合作，为有特性的人进行就业咨询或就业的必要支援、研习等，针对各自的状况给予适当的帮助。

其中，求职顾问（Job coach）会对雇主及有发展障碍特性的人提供帮助，这种帮助对他们来说，是一种在就业上很有效的支援。针对有特性的人，除了给予提升就业效率的支援，也会进行改善沟通的支援；针对雇主方面则是给予深入理解特性的支援，以及具体的指导方法等建议。求职顾问为有特性的人提供能够顺利工作的职场环境。

标准的支援期间是2～4个月，在初期的"集中支援期"，每周3～4天访问职场，分析不适应的焦点问题，达到集中改善的效果。然后进入"转移支援期"，求职顾问的访问变成每周1～2天，这称为"自然支持（Natural support）"，负责支援的人从求职顾问变成同事或上司。最后的访问变成数周或数月一次，但还是会持续支援。

求职顾问提供的支援

除了有特性的人，求职顾问也会对其家属及职场提供支援。

本人

进行提升作业效率或改善沟通的支援。

家属

为了过安定的生活，给予应对方面的建议。

求职顾问

雇主

安排职务内容，给予符合有发展障碍特性者的雇佣管理建议。

上司、同事

给予深入理解特性的支援或具体指导方法的建议。

试用制度也是就业机会

障碍者试用事业是日本的一种制度，针对不曾雇佣有发展障碍特性的人等雇佣障碍者的雇主所施行的奖励制度。试用期为3个月，试用期满后，雇主没有继续雇佣的义务。但双方都有意愿的话，可以继续雇佣关系。

求职顾问的支援过程

集中支援期
每周3～4天

⬇

转移支援期
每周1～2天

⬇

后续支援期间
数周到数月一次

迈向自立的人生规划

除了从小锻炼生活技能，今后的居所、从事何种工作、如何度过空暇时间，父母应从这3点来思考如何帮助孩子迈向自立的人生。

锻炼生活技能

有发展障碍特性的人会排斥不熟悉的环境或气氛，所以他们要在新环境下自立生活不是件容易的事。

但是父母终究会变老，为了让孩子将来能够独立生活，锻炼他们的生活技能很重要。

自立的重点是锻炼孩子具备生活方面的技能，如做饭、洗衣、打扫卫生等，以及能够自己管理金钱。如果孩子容易被骗或受到压迫，父母必须教他学会"拒绝的方法"。实用的生活技能不是一朝一夕就能学会的，父母可以通过让孩子帮忙做事或给他零用钱的方式慢慢地引导他。

居住、工作、空暇时间是三大重点

思考如何帮助孩子迈向自立的人生时，父母应把重点放在以后的居所、从事何种工作、如何度过空暇时间这3点上。

首先是以后的居所。若是独居，有些人因为刚开始所有事都是第一次接触，有时仅仅为了吃什么就会陷入恐慌。当他们有类似的状况时，如果附近有可以商量的人，能够马上联络，会感到安心。

有些人会在"团体家屋（Group home）"等拥有专业知识的工作人员协助下，与几个有相同特性的人共同生活。每个人有自己的房间，餐厅和浴室是公共空间。平常，白天时间各自去上班，或是到医院、疗育设施接受日间照护；回家后，吃饭或洗澡；需要帮忙时，工作人员会给予协助，这种生活也比较安心。

有些人虽然无法独居，住在自己家里，但在家人的协助下能过自立性较高的生活，而且还能上班，过得很充实。

无论是否独居，孩子拥有能够安心生活且有困难时立刻有人可以商量的环境很重要。

拥有满意的工作或某种兴趣

一天之中很多时间都用在工作上，对有发展障碍特性的人来说，如果工作内容是自己感兴趣且擅长的，工作时就会很开心，比较容易持续下去。

此外，如何度过空暇时间也很重要。容易感到不安的人，假如空暇时间什么事都不做，就会很痛苦，甚至恐慌发作。若能按照兴趣度过空暇时间，这段时间会很充实，也可以通过学习才艺增添乐趣。工作与空暇时间过得愉快而充实，他们自然会觉得人生很幸福。

三大思考重点

想到孩子的将来，担心的事还真不少。以适合孩子的充实生活为目标，开始着手准备。

居住

考虑适合孩子的居住形态，比如住在自己家里或团体居所等。

工作

最好是让孩子将擅长或喜欢的事作为工作。

空暇时间

如果什么都不做容易感到不安的话，从小培养他的兴趣就很重要。

增加孩子能够自己做的事

孩子能够自己完成的事变多了，自立性就会提升。父母可以让孩子帮忙做事，给他一点提示，慢慢教会他。

管理金钱

记录收支簿的方法、如何付房租、如何存钱等。

购物

控制预算，购买需要的物品，结账时如何付费等。

家务

做饭、打扫卫生、洗衣服的方法等。

利用支援服务的生活

日本各地区都有设置"发展障碍者支援中心"，有发展障碍特性的人能够在此处接受各式各样的支援服务。

发展障碍者支援中心

在日本，各县（市）或指定都市都设置了"发展障碍者支援中心"，这是针对有发展障碍特性的人进行综合支援的专门机关。此处会与保健、医疗、教育、劳动等相关机构合作，建立综合性的支援网络，并且提供指导或建议等各种服务，让有特性的人及其家属在各地区能够安心、满足地生活。咨询服务基本上都是免费，可先打电话向居住地的县（市）或指定都市的发展障碍者支援中心咨询。

如果想申请疗育手册

疗育手册由各县（市）或指定都市的相关机构提供，名称或内容有些许差异。如果申请到疗育手册，就能享有各种行政服务或交通费的折扣，就业方面也可申请障碍者组织的工作。

但是疗育手册基本上是以有智能障碍（智商大约在75以下）的人为对象，并非所有有发展障碍特性的人都能申请，可以先向各地方政府的福利部门窗口咨询。

疗育手册的申请办法

向地方政府的福利部门咨询，向儿童咨询所等处提出申请
→
疗育手册的发给
→
可利用各种支援与服务

在儿童咨询所等处接受障碍程度的判定

基本上是以有智能障碍（智商大约在75以下）的人为对象

可享有交通费的折扣或公用事业费用的折扣等支援服务

注：可利用的服务内容依各地方政策而异。

8章

幼儿园及小学的指导对策

理解特性，给予支持

孩子无法好好说明自己的状况。老师或支援者必须主动去理解，这点很重要。

其实孩子已经非常努力

孩子经常会有动不动就生气、想说什么就说、经常发呆、静不下来、境况改变就很困惑等表现。在托儿所、幼儿园、小学等以集体行动为主的场所，有发展障碍特性的孩子在大人眼中是"有点令人挂心的孩子"。

教师或保育员需要同时照顾、指导许多孩子。他们看到那些令人挂心的孩子，或许会觉得麻烦、困扰，他们"照以往的做法都解决不了"，会"和家长发生冲突，感到受挫"，会因不知如何应对有特性的孩子而烦恼。

这些令周围人困扰的孩子，其实他们自己也很烦恼，他们很需要别人的理解与支持。在你眼前的孩子已经非常努力，他们正拼命地发出求救讯息，所以你要善待他们。

给予适当的支持

教师或保育员可以试着理解孩子的特性，思考什么是必要的支持，每天与孩子接触，自然会知道"如果这样做，他就能专心""假如这样说，他就不会动粗""要是这样做，他就会好好读书"这些具体的做法。也许这样

改变观点很重要

例如，随便动手的孩子

只把重点放在孩子的行为上 → 思考孩子行为的背景

引起纷争、惹麻烦 → 需要理解与支援

感觉孩子令人困扰 → 能够理解孩子正在烦恼

的做法不同以往，但有发展障碍特性的孩子需要被关怀，周围的人应给予适当的支持。

　　就算有发展障碍的特性，不少孩子因为从小生长在被理解的环境，所以稳定地度过了孩童时期，拥有了充满希望的人生。反之，有些孩子从小生长在不被理解或误解的环境中，长大后会变成自卑感强烈、内心受伤的人。虽然特性不会痊愈，但周围人的深入理解能够成为减缓孩子痛苦、促进其成长的动力。

陪伴、关怀孩子很重要

　　老师如果能理解孩子的特性、给予适度关怀与支持，就不仅不会伤害孩子，还能激发孩子的斗志。即便刚开始并不顺利，不断摸索，就算失败也没关系。守护孩子的成长与发展，找出他们的许多优点，让他们变得喜欢自己，度过快乐的时光。本章将介绍如何与有发展障碍特性的孩子相处的各种范例。每个孩子都不同，在陪伴和关怀每个孩子时，可以将本章的范例当作参考，给予孩子最适当的支持。

孩子有许多令周围人困扰的行为，过去的做法改善不了

责备

就算被责备，孩子还是不懂得解读别人的感受，无法具体理解什么是好的行为，就会一直重复相同的错误行为。

处罚

孩子的特性不是处罚或强迫就能改善的。父母要理解孩子的特性，并给予他支持或关怀，孩子自然会作出好的行为。

强迫努力

即使努力也得不到成果，强迫孩子努力只会成为令他痛苦的记忆。一再的失败也伤害了孩子的自尊心。

找出适合孩子的做法

用孩子能够理解的方法，简单明白地告诉他。当孩子作出好的行为时，父母的称赞也很重要。

例：简短具体地给予指示

小勇，你先坐好

你听老师说啊

与孩子对话时，先叫他的名字引起注意，尽量用简短易懂的话语传达想说的事。

例：活用顺序表

看看顺序表，确认一下

有时孩子不知道接下来该做什么，利用图片或照片可以加深他们的理解。

激发孩子的斗志

努力或毅力无法克服发展障碍的特性。师生双方放宽相互间容许的范围，就能对彼此更加包容。

不要想着去躲避不擅长的事

发展障碍的特性不会痊愈或消失，也无法用努力或毅力克服。老师与其在意孩子不擅长的事，不如找出并发展孩子的优点，这样的做法非常重要。

有时老师就是想要克服孩子的这种特性。这种行为就如同对速度慢的孩子说"跑快一点"，反而会成为孩子痛苦的记忆。

有时需要放宽相互间的容许范围，进行特殊对待

当我们口渴得受不了时，如果听到"不能喝水"肯定觉得很难受。静不下来的孩子也是如此，听到"乖乖待着"同样很难受。

所以，让他们帮忙发

充分理解，给予应对

孩子在上课时起身走动

放宽彼此容许范围的良性循环	不放宽彼此容许范围的恶性循环

帮忙发讲义等，容许孩子在一定的范围内走动，让他可以自由活动。

"不可以随便站起来走动！""你为什么坐不住啊！"像这样斥责孩子。

孩子因为可以活动感到安心，回到座位后能够安静上课，老师也不用烦恼。

孩子的忍耐到达极限、恐慌发作，产生强烈的自我否定，觉得自己很糟糕。

讲义，或是先告知去处就能离开教室等，像这样订立可在一定范围内活动的规则，他们就会很安心。有了规则，彼此就不必为了"乖乖待着"弄得筋疲力尽，能够互相包容。

找出孩子令人困扰的行为背景

找出孩子令人困扰的行为背景也很重要。是敏感反应还是内心不安，父母需要仔细想一想。孩子真正的心情或许很难理解，但试图理解的心意非常重要。建立假设，在不断摸索、失败的过程中，一定会找到能够发挥孩子能力的环境。尽管需要耐性，反复尝试，不断积累失败的经验，终能找到适合孩子的环境或援助方法。

理解孩子的特性，试着以他们的观点思考

孩子作出令人困扰的行为，多半是他们想要适应那样的环境。理解孩子的特性，建立各种假设，找出适合孩子的改善方法很重要。

说不定是日光灯的光太亮，让他心浮气躁

孩子姿势不良、静不下来，该怎么办？

也许是平衡感不好，没办法长时间保持坐姿

可能是无法预测将要发生的事情，所以感到不安

或许是不知道怎么抄写笔记

集体活动或比赛时在旁边观看也行

在旁边看就好，没关系

运动会或班上的才艺表演等活动的练习与平时的活动内容或气氛不一样，有时孩子不想参加。就允许他们在旁边观看或部分参与，这也很重要。

制造成功的机会

有发展障碍特性的孩子有时难以忘记受伤的经历，无法将失败转化为动力。

难以忘记失败或痛苦的经历

我们或多或少都有过付出努力得到回报或是突破困难获得成功的经验。或者虽然经历过失败，随着时间流逝，那样的经历已成为过去的回忆，有时想起那件事，心情会有点波动。因此，有些克服失败获得成功的人，出于善意会想让有发展障碍特性的孩子也拥有"不被失败击垮的体验"。

但不少有发展障碍特性的孩子受其特性影响，就算和其他孩子付出相同的努力，却得不到回报。而且，这样的孩子也很难忘记曾经被严厉责备或失败等的痛苦记忆。其中有些孩子会突然"闪回（flashback，脑中突然清楚地浮现过去不堪的记忆或痛苦的经验）"过去不堪的记忆，陷入恐慌状态。

成功体验激发孩子的意愿

再怎么努力也做不到的记忆始终留在脑海里，如果遇到这样的状况，都会感到很不安。

对于有发展障碍特性的孩子，"如果这么做，他就能做到""假如这样说，他就听得懂"，只有这样给予适合的个人化支持，或是

让孩子马上就能看到成果很重要

对经常失败的孩子来说，完成的喜悦无法取代。选择孩子擅长且容易持续做的事，给他贴纸表示奖励。看到贴纸增加，孩子就会产生自信。

尽可能不让他失败、不让他感到棘手，给予周到的应对措施，他才能产生信心。

逐步给予课题

　　给孩子布置任务时，重点在于对这些任务要尽可能具体地传达且能够逐步实行。比如，别对孩子说"这个月要看完一本书"，而是说"晚上睡前看一页"，这样他们更容易付诸行动。

　　另外，有些事让孩子一个人做，或许怎么练习都练不好，就要随时给他们建议，这样他们就不会半途而废，能够完成的机会变多。积累的成就感或成功体验会激发孩子的斗志，培育出优秀的能力。

帮助孩子不擅长的部分，让他拥有成功的体验

❶ 说明顺序，让孩子容易预测

①在图画纸上画喜欢的图。
②用剪刀把画好的图剪下来。
③把剪下来的图贴在箱子上。

做作业前，细分顺序、逐项说明。不只是对有特性的孩子，而是以全班为对象。这样一来所有人都能顺利完成。

❷ 具体说明、不责备

要不要画花？画爱心或蝴蝶结也可以呀

"快点画"
"别发呆"

有些孩子听到"画你喜欢的图"，就会因为不知道该画什么而感到混乱。责骂只会让孩子更慌张，伤害了他们的自尊心。这时候，父母最好给予具体的建议。

❸ 只帮助孩子不会的部分

因为手指不灵活，有时做事情不太顺。"边剪边转动纸张，会剪得很漂亮哦"，像这样给予建议，只帮助孩子不会的部分。

❹ 享受成就感

作品完成后，孩子可以享受成就感。"这个配色真好看""你做得好可爱"，听到老师的称赞，孩子会产生自信。

帮助孩子发挥出色的能力

与其让孩子不断去克服不擅长的事，不如多花心思发展他的优点，这一点很重要。

擅长与不擅长的领域很明显

有发展障碍特性的孩子，擅长与不擅长的事很明显，如可以马上算出答案、很会操作计算机、知道许多关于昆虫或电车的事、画画方面有很棒的创作、很会演奏乐器等。在擅长的领域表现出色的孩子在别的领域表现不佳，这是常有的事。

一般人总希望孩子什么都做得好、样样精通。可是，有发展障碍特性的孩子对于不擅长的领域，再怎么努力也很难出现成果，如果希望孩子什么都会，反而会让他陷入困境。

别和其他孩子比较，静静守护孩子的成长

与其让有发展障碍特性的孩子不断去克服自己不擅长的事，倒不如多花心思去发展他的优点，才不会造成压力，才能让他产生自信。加大练习的量、学会前不能停止、学不会就处罚，这些行为只会扩大孩子的排斥感或自卑感，无法带来成果。

➤ 帮助孩子在擅长的科目更加进步

数学和科学（理科）很擅长，语文却不擅长，擅长与不擅长的科目很明显时，父母应该帮助孩子在擅长的科目上取得更大的进步。

擅长的科目

- 考试成绩好的时候，好好称赞孩子。
- 对科学（理科）擅长的孩子，让他担任小老师，帮助对科学（理科）不擅长的孩子，或是在课堂上帮忙，让孩子加深对擅长科目的自信。

不擅长的科目

- 不要为了克服不擅长的科目，让孩子不断练习。
- 不要因为孩子不会做题就处罚孩子。
- 给予孩子适当的目标，达成了就好好称赞他。

父母对孩子不擅长的科目也不能置之不理，为孩子设定专属的目标，并且评估达成度，这种做法比较理想。就算步调缓慢，孩子还是能有所进步，达成目标。别和其他孩子比较，而是和孩子之前的状况比较，评判距离目标又近了多少。

根据认知的差异，思考如何传达

有发展障碍特性的孩子对事物的接受方式或感受方式比较特别，有时认知事物的方法也不一样。认知事物的方法大致上可分为使用语言形成概念后再理解，以及通过影像或视觉想象、掌握、思考事物。

例如，我们会对"不懂问题"的孩子说"多读几次，你就会懂了"。可是，这种方法只适合擅长语言认知的孩子，并不适合习惯用视觉认知的孩子，让他们读几遍也无法理解。另一方面，有些孩子对语言的理解很擅长，对视觉信息的掌握却不擅长，读书时看得七零八落、没有深度。

有发展障碍特性的孩子学习上的失败不是细心教导就能解决的。要协助孩子解决学习上的失败，了解孩子比较擅长语言的理解还是视觉的理解，这很重要。

了解孩子擅长的是"看"还是"听"

擅长"听"的孩子

把文字读给孩子听，他们更容易理解。

不太能理解眼睛看到的信息，有时读好几遍也不懂意思。

擅长"看"的孩子

换成图画后，孩子比较好理解。

不擅长从文字想象，有时读好几遍也不能理解文章的意思。

简洁具体地传达指示

对孩子传达指示或提问时，父母最好用简洁具体的语言。若是禁止事项，要告诉他什么才是对的行为。

孩子比较听得懂具体的指示

对孩子传达指示时，要用简洁具体的语言。尤其是禁止事项，一定要告诉孩子什么才是正确的行为。

例如，老师说话时，有个孩子也在讲话，这时只对他说"安静"并不够。"安静"的语意很模糊，就算孩子停止讲话，却不知道接下来该怎么做。因此，老师应该先简单地告诉孩子"请不要说话"，还需要有"请听老师说话"这样具体传达的正确行为。让孩子看小朋友正在听老师说话的图画也能帮助理解。如果孩子做到了，称赞他"你做得很好，谢谢你"，这样，孩子就能理解什么是正确的行为。

一次只传达一个指示

老师一次说多件事、同时给太多指示或提问，有些孩子会感到混乱。不太会切换注意力的孩子，有时会忽略指示，或是漏听老师说的前几句。

因此，给予指示或提问时，先叫孩子的名字，引起注意，再用简洁具体的话语传达，一次只说一件事。等孩子完成了第一件事，再给下一个指示或提问，这样他就不会混乱，也能加深理解了。

罗列出负责的工作

孩子有负责的工作或是轮到当值日生时，必须先让他记住工作内容、了解优先顺序，保持那个记忆去行动。可是很多有发展障碍特性的孩子做不到，或做到一半忘了下面该怎么做，他们虽然也很烦恼，却容易被误解成偷懒。

指示、提问的方式

现在要去音乐教室呀。

先引起孩子的注意，再给予具体的指示，例如"现在要去音乐教室呀。"

你觉得是几号呢？

孩子有时想不出来怎么说，没办法组织语言。"你觉得答案是几号呢？"可以像这样给予提示。

站在没有装饰物的白色墙壁前，对年纪小的孩子下达指示时，他们不易分心，能够持续专心听老师说话。

喂～走啰！

在远方大声喊叫，对于不太会切换注意力的孩子，是不易察觉的。

答案是什么呢？

篇幅长的文章里的问题，或是"请说出答案"这样的指示句，会让孩子更难理解。

若让孩子被传单或窗口的景色吸引，他的注意力会分散。

所以，为了让孩子忘记时能够确认该怎么做，把负责的工作或者要做的事做成一览表，就能避免孩子感到混乱。即使孩子忘记轮到自己当值日生，也不要责备他，而是提醒他"今天你是值日生啊"，给孩子自己想起来的机会。

依序列出值日生要做的事

列出顺序，让孩子边确认边进行作业。老师适时地提醒"接下来是几号呢？"会更好。

①搬桌子 ②扫地
③擦桌子 ④倒垃圾

孩子有时会忘记轮到自己当值日生，或是不清楚工作的内容，让人误以为他在偷懒。

教室的构造化

教室构造化后，"只有一个用途"，会使孩子非常安心。要尽可能地为孩子提供能够专心活动或学习的环境。

用途太多，孩子会感到混乱

托儿所、幼儿园、小学都有可以活用的空间，所以同一间教室会依时间与场合而改变用途，变成学习、就餐、休息的场所。我们理所当然地理解并接受这种变化，也从过去的经验得知，某个场所用于某个目的时不能同时用于其他目的。

然而，有发展障碍特性的孩子没办法理解眼睛看不到的事物，或是把过去的经验形成概念。假如同一个场所用于其他目的，他们就会感到非常混乱。为了让孩子安心，将空间、时间、顺序等规划得"一目了然"，这就是"构造化"。教室的构造化会让孩子的情绪稳定，能够专心从事活动或学习。

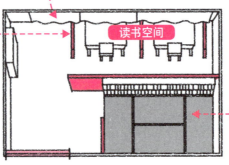

特殊班的学习空间范例

学习空间与游玩空间作出了视觉上的区分，
各自用途明确，孩子更容易专心学习和休息。

用窗帘隔绝影响
孩子读书时拉上窗帘，避免受到外界事物的干扰。
把课桌面向墙壁也是好方法。

用屏风隔离书桌
看不到其他孩子，
能够集中精力。

读书空间

放松空间
铺榻榻米或地毯，气氛立刻变得不同，使人容易放松。

以不同的目的分隔教室的空间

特殊班的教室会分隔出学习空间与休息空间，课桌之间也有明确的界线，很多地方都会独立分开。比如在椅子上贴上孩子的照片，让孩子清楚知道自己的座位。

一般听到下课铃响，大家就知道下课了，可以稍微休息一下。但有发展障碍特性的孩子不知道下课时间可以做什么、不可以做什么。所以，打造放松的空间是个不错的方法。为了让孩子一看就觉得可以放松，铺上榻榻米，营造出不同于学习空间的气氛，孩子比较容易转换心情。有些孩子在休息时间不知道该做什么，因而会感到不安，老师可以告诉他具体的做法，比如看自己喜欢的书。

普通班也可以进行构造化

相较于特殊班，普通班可以构造化的地方有限，但还是做得到。例如，容易受到各种刺激影响而分心的孩子，尽可能安排他们坐在前排中央的位子，这样就看不到其他孩子的举动，能够专心听课。上课时，用窗帘等物体遮住布告栏或墙上的图，让孩子的视线范围内没有杂物，可以专心看黑板或老师。对其他孩子来说，同样是容易集中注意力的学习环境。

普通班的构造化范例

安置在前排

前排中央的位子靠近黑板，不容易看到其他孩子的举动。用窗帘等物体遮住布告栏，孩子上课时更能专心听课。

窗户贴上遮蔽物

为避免孩子受到外界事物的干扰，在窗户玻璃上贴能够遮住视线的窗贴也是好方法。

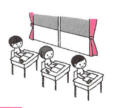

午餐时间

使用餐垫

看到餐垫，孩子就会明白"马上要吃午餐了"。

移动桌子

移动课桌椅后，教室与上课时的感觉明显不同，孩子一看就知道有所差异。

时间表的构造化

如果能够预测将要发生的事情，孩子就能非常安心。利用固定时间单位的卡片，能够帮助孩子理解时间的概念。

学校生活的计划

将事物整理得一目了然称为"构造化"，如果把时间表构造化，孩子更容易知道接下来要做什么，能够理出头绪。

有发展障碍特性的孩子不太会想象，比起声音，文字或图像更能记得住。因此，有事要传达时，与其大声给予指示，不如使用象征活动内容的图片或照片，他们这些图或照片比较容易记住且能够预测将要发生的事情，所以会感到安心。

利用卡片的大小传达时间概念

部分有发展障碍特性的孩子不容易感觉出明确的时间，不知道当下的活动要进行到何时，因而感到混乱。此时，可以用右图中的卡，让看不到的时间可视化，孩子就容易了解时间的概念了。同时，告诉孩子"写完两张作业就结束了"，像这样使其明白"结束"的意思，他们就能安心且专心上课。另外，"做完后去看喜

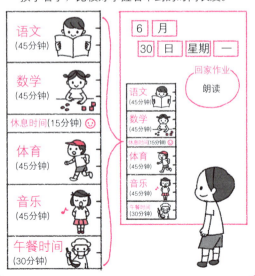

容易理解的时间表范例

利用卡片的大小

例如，制作以15分钟为基本单位的时间表，孩子看了，比较好掌握看不到的时间长度。

语文（45分钟）
数学（45分钟）
休息时间（15分钟）
体育（45分钟）
音乐（45分钟）
午餐时间（30分钟）

6 月 30 日 星期 一

回家作业
朗读

语文（45分钟）
数学（45分钟）
休息时间（15分钟）
体育（45分钟）
音乐（45分钟）
午餐时间（30分钟）

教养，从读懂孩子行为开始

欢的书"，像这样具体传达"结束"后可以做什么，孩子会更加安心。

时间表有变更时，要尽早告诉孩子

有发展障碍特性的孩子对于看不到的未来，没办法产生"也许会变成这样"的想象，因此，些许的变化就会令他们感到不安。

只要事先做些简单易懂的说明，孩子就能做好心理准备。重要的是，时间表有变更时，大人必须事先告知孩子会发生不同于预期的事，以及这时候该怎么做，简单易懂的说明可以让孩子理解并接受。

如果临时被告知有变更，孩子无法立刻转换心情。所以，知道时间表有变更时，尽量趁早告诉孩子。如果孩子因为突然的变更感到困惑，不要勉强他接受，而要带他到能够让他安心的场所，让他的心情冷静下来。

传达的方式

让孩子知道"结束"

在结束的时间上贴贴纸，或是用做了记号的时钟图都是有效的方法。"到了10点15分就结束了。把第二节课的数学课本拿出来放在桌上"，要像这样来具体告诉孩子到哪里是结束的时间、接下来要做什么。

变成这样就表示结束了。

事先告知变更

| 语文 (45分钟) |
| 数学 (45分钟) |
| 休息时间(15分钟) |
| 体育 (45分钟) |
| 音乐 (45分钟) |
| 午餐时间(30分钟) |

身体检查

这里有变更哦

若有临时的变更，孩子会因为不知道该怎么做变得不安。为了让他们做好心理准备，知道有变更时要尽早告知，以及告知之后应该怎么做，具体且耐心地说明，直到孩子能够理解。

告诉孩子如何度过休息时间

有时孩子听到"你想做什么就做什么"时，其实心里非常难受。发现孩子有这种情况，要具体告诉他休息时间可以做什么。

决定好休息时间要做什么，孩子就能够安心

活动中或上课中能够稳定行动的孩子，到了自由活动时间或休息时间有时却变得不知所措。年纪小的孩子在自由活动时间会很开心，争先恐后跑去玩，但部分有发展障碍特性的孩子，在自由活动时间不知道该做什么，反而会变得不安。

假如有人很仔细地交代你"要这样做""要那样做"，你难免会觉得无所适

度过自由活动时间的范例

给予具体的指示

可以看你喜欢的书哦！

有些孩子听到"你想做什么就做"会变得不安。只要告诉他自由活动时间可以做什么，给予具体的指示，他就能安心。

✕

不知道该做什么，孩子会很困惑
不知道应该"做什么""怎么做""做到什么时候"，孩子有时会感到不安。

教养，从读懂孩子行为开始

从。而对有发展障碍特性的孩子来说，明确知道要做的事比较容易预测，就会感到安心。先告诉孩子游戏的内容，他就能安心度过自由活动时间或休息时间。

让孩子一个人玩

如果孩子在休息时间自己一个人玩，不和其他孩子一起玩，就不要勉强他去和其他孩子玩，在一旁静静守护就好。

一般人总认为"与其自己玩，不如和朋友一起玩比较开心""和其他孩子玩可以培养社交能力"，但有发展障碍特性的孩子有社交困难，这样的想法不适用于他们。

大人能够理解孩子的发展障碍特性，为他们设想或考虑，但同龄的孩子却没办法做到。因此，对有发展障碍特性的孩子来说，和同年纪的孩子一起玩会觉得紧张、不安。

在放松的空间玩

如果园内或校内有放松的空间，利用那个区域是个好方法。可以独处，让孩子觉得轻松自在。

放松空间的范例

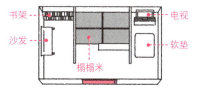

把玩乐与休息的放松空间，依照目的区分为影音区、阅读区、玩具区等。铺上榻榻米或地毯，家庭氛围的差异一目了然。

在放松的空间玩

对于喜欢自己玩的孩子，只需尊重他的意愿、在一旁守护他。不要勉强他和其他孩子玩，在旁边静静关注他就好。

慢慢增加互动的时间

想让孩子融入其他孩子，先让他自己玩，同时旁边有其他孩子在玩。在这样的状态下慢慢增加孩子与其他孩子互动的时间。

逐项完成学习计划

配合孩子的理解度，逐项进行、慢慢进步，积累成功的体验。

一次给孩子一个课题，更容易完成

上课时，孩子经常需要边听老师讲话边看黑板上的字，同时还要抄写笔记，这一般说来是很正常的事。但有发展障碍特性的孩子却没办法同时做多件事，有时会跟不上进度。只听老师讲话、只看黑板上的字、只抄笔记，他们一次只能做一件事。"请听老师说话""在心里默念老师写在黑板上的内容"，要像这样逐一给予指示。

上课的重点

逐一给予指示

❶ 只听老师讲话

❷ 只看黑板上的字

❸ 只把黑板上的字抄写下来

一次无法做多件事的孩子，如果一次只做一件事就能专心完成。这对其他孩子也是比较容易做的方法。

有5个苹果，吃掉了2个，还剩下几个呢？

读一读黑板上的字。

事先告诉孩子上课的内容

现在是①

语文
①读课文
②和旁边的同学讨论
③上台发言

知道上课的内容，孩子比较容易预测将要发生的事情，就能够安心且专心地上课。

教养，从读懂孩子行为开始

先告知上课内容，孩子就能预测将要发生的事情

有些孩子对于预期外的变化或不符合预测的状况会感到不安。先向他告知上课的流程，他们就能安心且专心地上课。例如，上科学课的时候，"读教科书→看教学视频→到校园内看花→回教室把观察到的事写成笔记"，先在黑板的角落写出这些事项，孩子知道接下来要做什么就能够安心。假如上课上到一半觉得无聊、失去注意力，而想到"等一下要去看花"或许就能提起精神。

帮助孩子积累成功体验

不少孩子不太会边读边写，若要评判达成度，比起有时间限制的考试，配合孩子的理解度慢慢进步比较适合。比如孩子会做的问题，比起昨天，今天进步了多少；比起今天，明天进步了多少。就算是有发展障碍的特性，孩子还是能按照自己的步调有所进步。但如果让他讨厌学习，想要进步自然是不可能达成的事。可以准备和其他孩子稍微不同的内容，帮助孩子积累成功体验。

不打"×"，积累成功体验

考卷上写错的题目不要打"×"，重写后如果写对了再打"√"，用这样的方法，最后考卷上只会有"√"，孩子看了会产生成就感。这个方法很适合不喜欢看到考卷上有"×"的孩子，或是一定要考到100分的孩子。

真开心。

Q 不太会写字的孩子应该怎么办？

A 不太会写字的孩子，通常写字速度比较慢。写字本来就是很复杂的事，不要着急，让孩子慢慢把字写好。如果时间不够，可以把黑板上的内容印成讲义发给孩子。

写字其实是很复杂的事

边写边看整体的平衡

想出要写的字

想出笔画或注音

留意写法的细节

熟练运用铅笔与笔记本

决定好写的地方再写字

……

帮助孩子克服不擅长的事情

部分有发展障碍特性的孩子，虽然没有智力发展迟缓的情况，学习上却没有进步。帮助孩子克服不擅长的事情，体验到学习的乐趣。

试着组合各种上课形态

不少有发展障碍特性的孩子容易在听课时分散注意力。所以，明明坐不住却不得不一直坐着听课的孩子，有时就无法持续专心，会被课程内容之外的事吸引。这时候，进行团体讨论或是让孩子上台发言，因为能活动身体，孩子上起课来更有活力、容易保持注意力。让有发展障碍特性的孩子帮忙发讲义也是不错的方法。

组合各种上课形态，让孩子上课时不会觉得无聊

上台发言

让孩子上台发言，或是坐在自己的座位上发言。

提问回答

有时由孩子提问，让老师或其他孩子回答。

和旁边的同学或团体讨论

这种做法很适合在大家面前容易紧张的孩子。

写作业

让孩子写作业或解题。

善用学习道具

学习道具可以帮助孩子克服不擅长的部分，促进孩子对知识的理解。例如，朗读课文时，必须边确认自己读到哪一行边发出声音，这是相当复杂的事。无法同时做多件事的孩子，有时没办法朗读。如果用提示板突显出要读的部分，孩子更容易知道要读哪里。

此外，使用录音器、数码相机、平板电脑等电子产品帮助有发展障碍特性孩子的做法正在受到关注。活用配合孩子特性的学习道具，可以促进孩子对知识的理解，增加孩子愉快的学习经验。

学习道具的范例
※内容仅供参考。

从自己动手做学习道具到使用最新技术的东西都有，种类相当丰富。

朗读辅助板

可以使朗读内容变明显的垫板，能避免发生跳行或重复读同一行的情况。

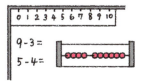

算盘、直尺

标出数字1～10的直尺，或是10颗算珠的算盘，对数学的计算很有帮助。

计时器

设定的时间会有颜色、时间过了面积会缩小，让孩子更容易了解时间的概念。

活用电子产品

平板电脑

不太会写字的孩子也能轻松使用，可以利用图像或插画等帮助计算。

录音器、数码相机

用录音器录下重要的内容，把黑板上的字用相机拍下来。可以节省做笔记的时间。

朗读辅助软件

阅读上有困难且花费时间多的话，有这个道具很方便，有些可以调整朗读的速度。

不善于整理，经常丢三落四

桌子里的东西堆到快溢出来，经常忘记带作业本或上课要用的东西，
对于这样的孩子，身边的人需要不时提醒他，让他有机会自己想起来。

不懂得分类，自然也不善于整理

若要分类"上课会用到的东西"与"上课不会用到的东西"，笔记本属于哪一类？根据使用者的用途，结果肯定不同。如果是已经写满字没有空白的笔记本呢？

有些人会想"已经没有地方可以写字了，所以不会用到"，有些人则认为"还会再拿出来看，所以会用到"。

整理的时候会有无法只凭形状或外观分类的要素，而且每个人的认知不同；但无法思考抽象分类的孩子会觉得很困难。

先进行大概的分类

配合目的灵活分类的技巧对孩子将来可能面临的各种情况很有帮助，比如提出不同的想法、安排优先级、思考步骤等。虽然不断练习可以慢慢进步，但孩子无法独自完成的事还是很多，所以父母最好陪在孩子身边，随时给予建议。

不要突然要求孩子做很细致的分类，先试着大概分类就好，例如把桌子里的东西分成"放在学校的东西"与"带回家的东西"。

就算遇到麻烦事，还是会忘记

有些孩子没办法保持注意力或记住重要的事，经常忘东忘西。有些人可能会想"等他遇到麻烦后就不会忘记了"，但对有发展障碍特性的孩子来说，这样解决不了问题。因为他们已经非常努力却还是会忘记，他们自己也非常烦恼。

整理打扫的重点

整理桌子的时候

先将桌子里的东西全部拿出来，大致分为"放在学校的东西"与"带回家的东西"，再来决定要放在哪里，这样比较好处理。孩子无法自己区分的事很多，父母要陪他们一起整理并给予建议。

带回家的东西 / 放在学校的东西

全班一起整理

让孩子独自整理，他们会很难受，班上的同学也会投以异样的眼光。全班一起定期整理，让其他孩子也养成良好的习惯。

来打扫吧

好~

分类练习的范例

先练习将身边的物品依照颜色或形状进行分类。钱的分类是很好的练习，可提升孩子的生活技能。最后孩子就能自己分类，比如"需要的物品""目前用不到、暂时收起来的物品"等。

彩色橡皮筋的分类

将各种颜色的橡皮筋，依照指定的颜色及数字进行分类。

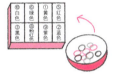

钱的分类

把装在袋子里的钱，依照单位分类。

想让孩子别再忘记，比起责备，提醒会更有效。给孩子机会，让他想起忘记的事。此外，有时孩子会告诉爸妈"今天没有作业"，但他不是故意这么说，只是不小心忘记了。运动会或远足等需要准备的活动，老师要打电话联络家长，与家长保持联系也很重要。

不时提醒孩子，让他想起来自己忘记的事。

作业是写生字

作为值日生要做的事或回家做的作业等，要不时提醒孩子，让他自己想起来。有时想起来又会忘记，父母千万不要责备孩子，要保持耐心，好好对孩子说。

校内的问题要趁早解决

孩子之间有时会发生争吵、嘲笑、霸凌等问题，老师应与家长联系，别让问题拖太久，这很重要。

可能成为被嘲笑或霸凌的对象

部分有发展障碍特性的孩子没办法抑制自己的情绪，生起气来就会打人、丢东西、大吼大叫等，作出粗鲁的举动。那种发火抓狂的样子，有时其他孩子看到会觉得很有趣，他们可能会故意惹有发展障碍特性的孩子生气；或是有发展障碍特性的孩子因为给人"很粗鲁"的印象而受到排挤，这样就导致同学关系不和睦。

班上常见的问题

部分有发展障碍特性的孩子，因为其特性会和其他孩子起冲突，无法好好沟通。容易发生问题表明孩子正因为发展障碍特性而烦恼。

静不下来

你插队！
无法遵守规则

动不动就发怒

你是值日生呢！
健忘、不太会察觉

因为课业或运动
不擅长被嘲笑

不太会想象对方的心情

你好胖！
强烈的偏执

听不懂谎言或玩笑话

有时，部分有发展障碍特性的孩子也会成为被嘲笑、霸凌的对象。他们听不懂玩笑话、谎话而遭受嘲笑，被其他孩子讽刺"你这样好帅呀"而摆出奇怪的姿势，或是做危险的动作等。

有发展障碍特性的孩子常会卷入纷争，看起来像是令周围人困扰的孩子，其实他们很烦恼，需要被帮助、关心。一定要记住这一点，要有耐心地持续给予他们帮助。

仔细观察班上的情况

随着年级的增加，孩子与班上其他孩子之间的纷争，常会发生在老师不在的休息时间，因此老师很难发现问题。问题拖太久会造成严重的伤害，甚至导致孩子拒绝上学。老师除了要多留意班上的人际关系，也要和家长保持联系，一旦发生问题，尽早解决。

发现孩子争吵要立刻制止

step ❶ 先制止

别吵了！

赶紧介入，以免孩子受伤。如果有口出恶言或动手的情况，赶快制止。

step ❷ 听双方的理由

分别询问吵架的理由及经过。不清楚状况时，可以询问周围的孩子。

step ❸ 告诉孩子不管是什么理由都不能动粗

不可以打人

要给别人说

"是对方惹我生气的"，听完孩子的理由后，告诉他"我明白你的心情，但打人是不对的事"，让他知道自己的情绪与行动必须分开。

在家中

练习解读对方的表情或心情

喜（开心）

哀（伤心）

愁（烦恼）

怒（生气）

不太会解读面部表情的孩子，不知道其他孩子正在生气或难过。通过解读表情的练习，孩子也会察觉自己的感受。如图中所示，可以利用插画让孩子联想表情与情绪关系的练习。

重点

- "做这种事很差劲！"不要说否定孩子人格的话，而是指正孩子的行为，例如"打人是不对的事"。
- 不要喋喋不休地一直责备。
- 发生问题时，立刻向孩子指出不对的地方（否则过一段时间会忘记发生过问题）。

培养互助合作的班级气氛

老师要像对待其他学生那样，对于有发展障碍特性孩子的缺点全部接受，这样的态度会成为班上其他孩子的典范，自然能营造出和谐包容的班级气氛。

孩子会把老师的言行与态度当成典范学习

无论孩子有没有发展障碍的特性，他们本来就会遇到失败等问题。在遇到突发状况时，老师如何应对，将影响班上的气氛。

尤其是年纪小的孩子，成长过程中会模仿和学习身边大人的言行，老师的发言或态度的影响力超乎想象。面对令周围人困扰的孩子，老师若采取严厉责备的态度，把孩子当成"伤脑筋的孩子""破坏班上和谐的孩子"，其他孩子就会有

关怀的话语及眼光很重要

老师是孩子的学习模板

老师的一句话或一个动作，对孩子会造成超乎想象的影响。

谢谢你！

做得很好呀！

老师要成为班级支援的中心

"老师很重视班上的每一个学生"，用这样的心态面对所有学生。孩子感受到自己被重视，对其他孩子也会变得包容。

教养，从读懂孩子行为开始

样学样。反之，若将孩子视为"需要协助的孩子"，给予温暖、理解或适当的关怀，其他孩子自然会有"如果他有困难就要帮助他"的想法。

彼此帮忙、互相体恤

假如班上有人遇到困难，对孩子说"有困难时要互相帮忙"。如果自己得到了帮助，也要说一句"谢谢你"来表达感谢或体恤。

人无法独自生存，没有人是十全十美的，特性也是一个人的一部分。重要的不是有没有特性，而是在遇到困难时能够建立互助的关系。"要认同对方不擅长的部分，接纳他的一切"，平时常听到老师这么说，孩子们自然能够包容有特性的孩子或其他孩子的失败，建立互补互助的关系。而且，通过亲子间的对话让家中的人也知道这些孩子的情况，就算在班上发生问题，也比较容易取得对方家长的理解。

与孩子保持联系

曾经教过的孩子后来过得怎么样，需持续守护孩子的人生。保持联系会让孩子产生坚定的信心。

保持后续追踪很重要

眼前这个有发展障碍特性的孩子，总有一天会换班、毕业，或是因为老师的调动而与老师分别。即使如此，也要尽量避免发生"我不知道这孩子后来过得怎么样"的情况。通过贺年卡或信件维持互动，持续关注孩子后来有着怎样的人生，这样的用心一定能够提升身为老师的经验值与能力。而且，如果将来又遇到有发展障碍特性的孩子时就更会知道应该怎么做。老师不要中断与这些孩子的联系，并且有必要反省当时的应对是否恰当，对有发展障碍特性的孩子保持后续追踪是很有必要的。